Continuous Crochet Motifs
1 根线钩到底！
美丽绽放的连编花片升级版

54 种花片
88 种花样及连接方法

日本宝库社　编著

冯　莹　译

河南科学技术出版社
·郑州·

目录

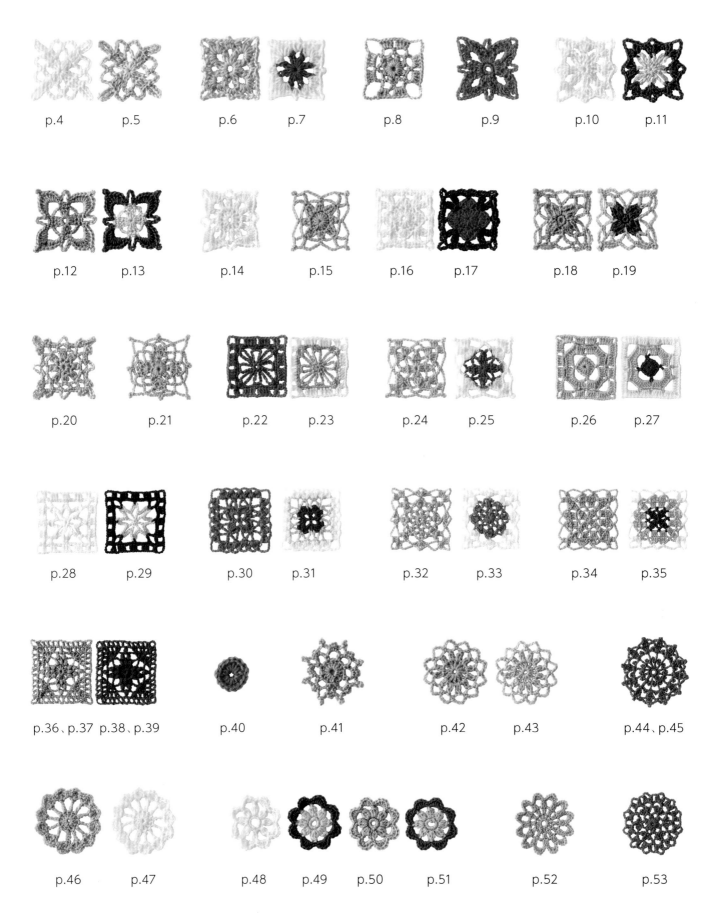

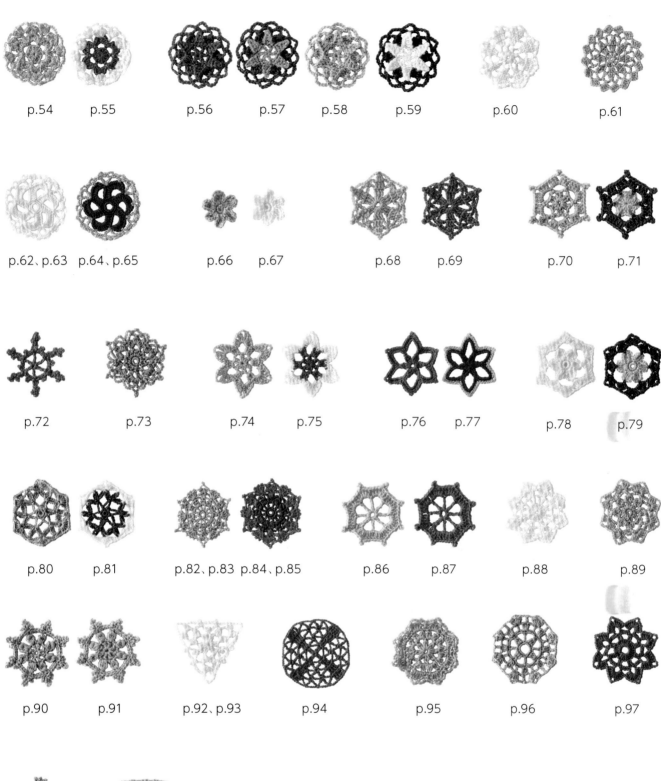

※目录中的图片均为页码所对应的花样的花片单元。

No.1

这是非常适合第一次连编花片的简约花样。
到第2行的编织终点为止,编织完每个花片的
前半部分后,开始编织连接到下一花片的连
续锁针。（参见第103页）

编织终点

编织起点
（锁针 15 针）起针

连续锁针（19针）

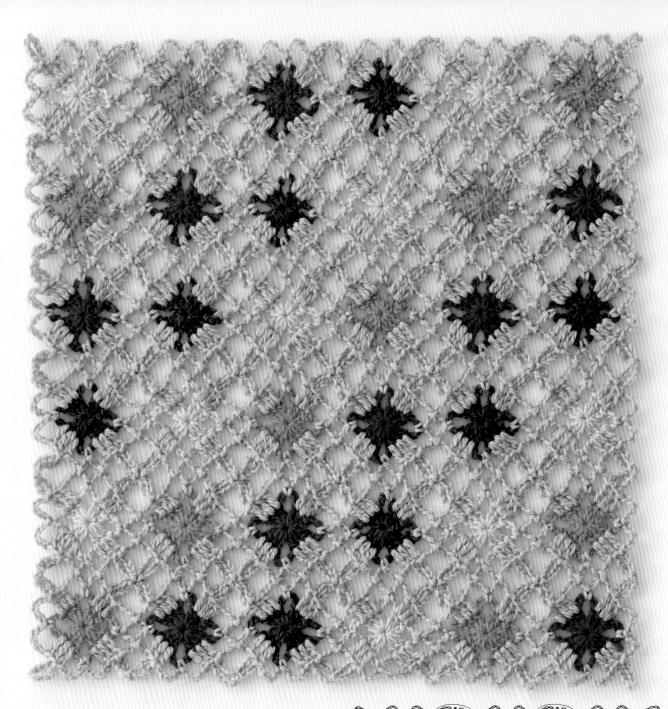

No.2

这是No.1的花片的配色变化。由于有配色，连续编织的部分减少了，难度也相应地降低了，因此比No.1编织起来更简单。（参见第103页）

配色 { — =配色
      — =底色

▶ =剪线   加线   编织终点   连续锁针（9针）

No.3

无须一个一个地处理花片的线头，是连编花
片的最大优点。特别是与将一个个小花片连
接在一起的情况相比，要轻松许多。

No.4

这是 No.3 的花片的配色变化。中心部分采用了不同的配色，让花片给人的感觉变得大不相同，看起来像是完全不同的花样，真的不可思议。

加线
编织终点

配色 { =配色
      =底色

► =剪线

连续锁针（3针）

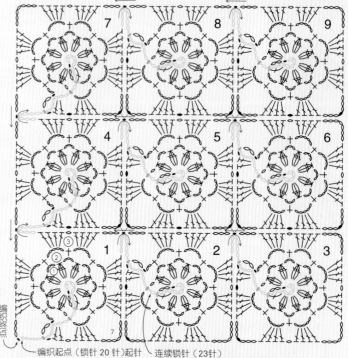

No.5

最后一行的锁针可以自然地扭转,整个设计可以带给人一种随风轻扬的动感。推荐使用较轻的线材来编织这种清爽的花片。(参见第104页)

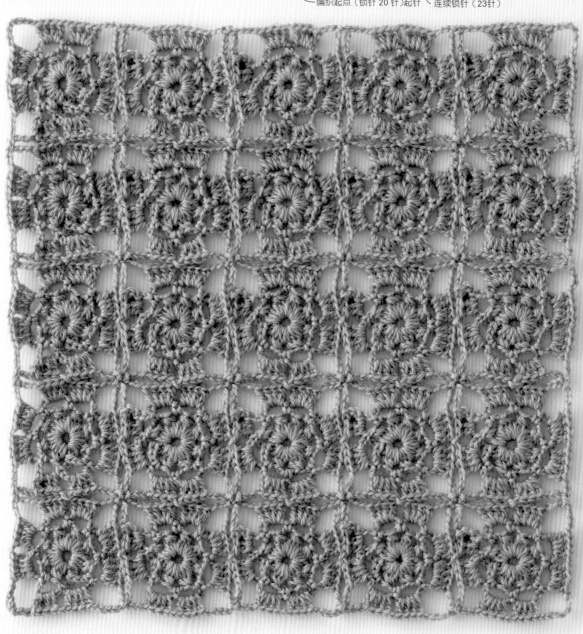

No.6

由于连接的部分十分结实，所以也适用于使用粗线进行编织。即便是编织大型的花片，由于连续锁针的连接，花片的变形也不会太明显。

编织终点 — 编织起点（锁针14针）起针 — 连续锁针（16针）

9

No.7

刚编织完成的时候，看起来并不明显，蒸汽熨烫之后，花片之间的空隙就会浮现出漂亮的十字花样。

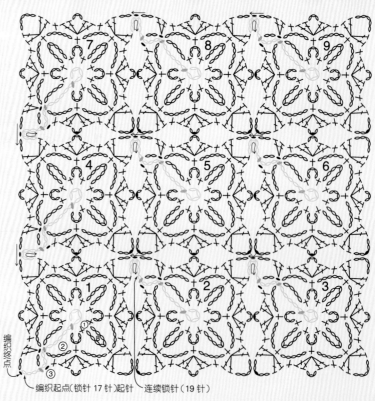

编织终点

编织起点（锁针 17 针）起针　连续锁针（19 针）

No.8

这是 No.7 的花片的配色变化。通过配色，让一个个花片区得更加明显。由于连续编织涉及两行，所以虽然是配色，但难度还是略高。

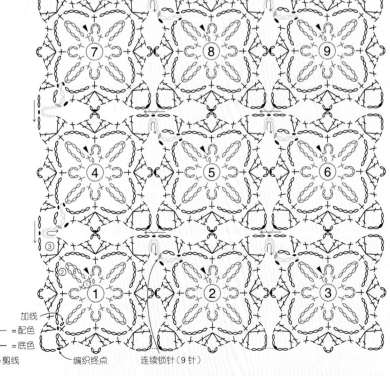

加线

配色 { = 配色
= 底色

► = 剪线

编织终点   连续锁针（9 针）

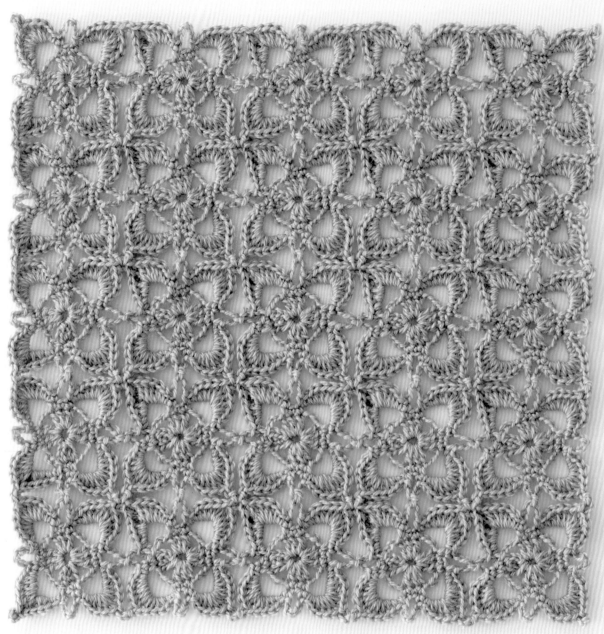

No.9

犹如是圆形与花瓣结合而成的可爱花片，使用线材的颜色不同，也能展现出素雅的一面。为了让连续锁针的部分不太显眼，最好选用细线编织。

编织终点

编织起点（锁针19针）起针　　连续锁针（19针）

No.10

这是 No.9 的花片的配色变化。由于连续编
织的行只有1行，所以第3行中一针立织的锁
针都没有。由于连续编织的缘故,花片变得
非常漂亮。

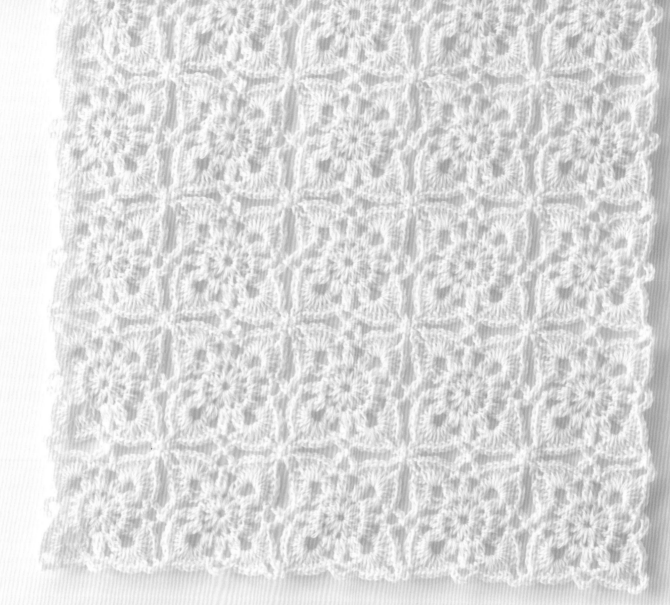

No.11

花瓣部分的细密丰盈，是这一花片给人留下的最深印象。由于连接的部分很少，在制作大型作品时，适合使用马海毛线等质轻且弹性小的线材。

编织终点

编织起点（锁针 19 针）起针　　　连续锁针（21针）

No.12

紧密的中心与周围的空间产生了有趣的对比。像这样即便是单色花片，也非常有个性，如果加入配色，会是什么样子呢？只是想象，就有些兴奋了呢。

编织终点

编织起点（锁针 18 针）起针　　连续锁针（22 针）

No.13

在正方形的花片之中，还设计了小正方形的
花芯。虽然四周是网格针，但连接依旧非常
结实，即便是斜向的设计，也能展现出很好
的效果。

编织终点

编织起点（锁针19针）起针　　　连续锁针（21针）

No.14

将No.13中央的正方形花芯的部分做了配色
变化。连续编织的部分虽说有2行，但作为
连编花片，编织的难度并不高，令人喜欢。

配色 {= 配色
= 底色
► = 剪线

编织起点（锁针5针）起针　连续锁针（7针）

编织终点

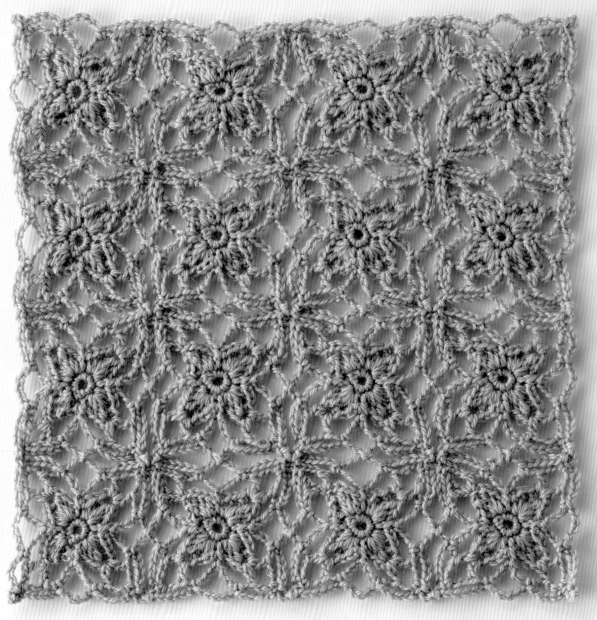

No.15

中心部分看起来很像是星星图案，是一种十分稀有的设计。编织第3行的短针，仅挑取第2行的引拔针的2根线，所以不会增加厚度。

No.16

这是 No.15 的花片的配色变化。通过改变颜色，让花片之间的连接部分看起来也像是星星了。仿佛是中心的边缘编织的锁针部分易于变形，是编织时的难点，但整段挑起的部分很多，降低了难度。

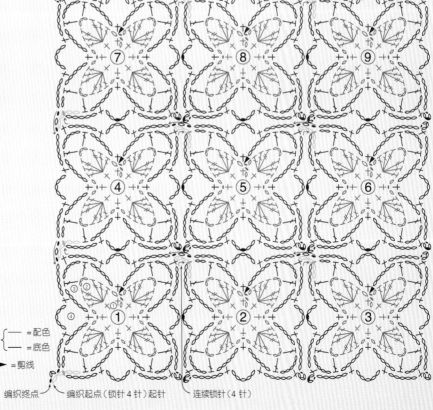

配色 { —— =配色
—— =底色

►= 剪线

编织终点　编织起点（锁针4针）起针　连续锁针（4针）

No.17

为了充分地展现出美丽的花片本身的花样,
设计时加大了连接部分的空间。在制作小作
品或是缝在布上的时候,效果非常好。(参见
第104页)

编织终点

编织起点(锁针19针)起针　　连续锁针(22针)

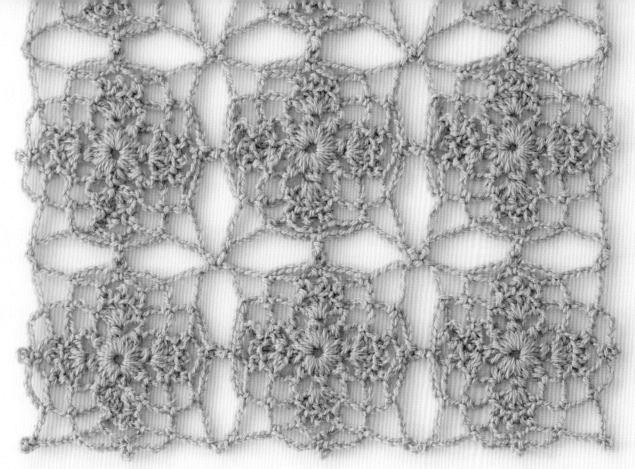

No.18

大型的花片，配以较宽的空隙，是一款非常棒的设计。行数较多，略微提高了编织的难度，却是非常用心的设计。可以尝试着应用于编织即便是拉伸变形也没关系的作品。

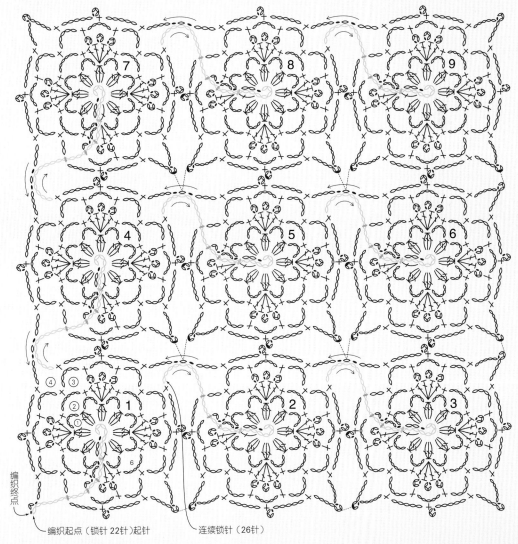

编织终点

编织起点（锁针22针）起针　　连续锁针（26针）

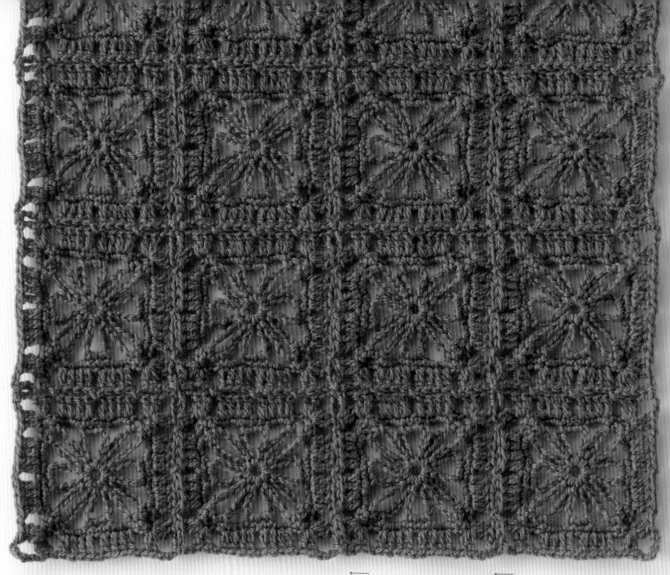

No.19

排列紧密的正方形花片，由于将连续锁针直接当作锁针用的部分很多，所以花样基本不会变形，难度也较低。

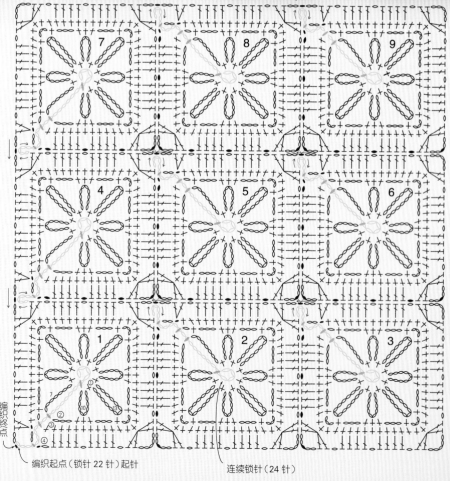

编织终点

编织起点（锁针 22 针）起针

连续锁针（24 针）

No.20

这是 No.19 的花片的配色变化。由于在中心的锁针四周编织了紧密的边缘，所以可以保持住漂亮的形状。编织时改变配色部分的材质，也将会非常有趣。

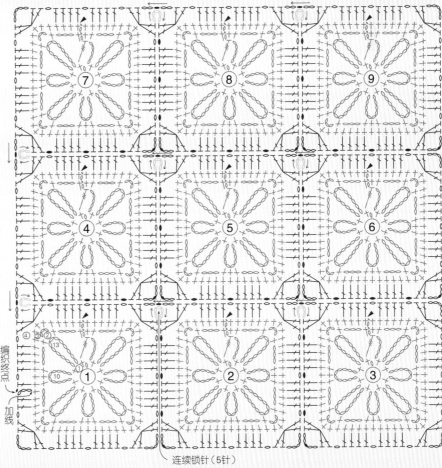

配色 { =配色
       =底色

► =剪线

No.21

虽然是正方形，但看起来也很像雪花，是一款非常有魅力的花片。编织长针的方法，根据位置不同也有所不同，这个设计将花样的变形降低到了最小，可以呈现出漂亮的状态。

（参见第105页）

编织终点　编织起点（锁针23针）起针　　　　　连续锁针（25针）

No.22

No.21中隐藏的菱形花样出现了！第3行的短针是整段挑起，编织起来很是轻松。但由于配色的关系，大家若想要花片变化不是那么明显的话，挑针时也可以分开锁针的针目进行编织。

配色 { = 配色
      = 底色

▶ = 剪线

编织终点   编织起点（锁针 8 针）起针   连续锁针（10 针）

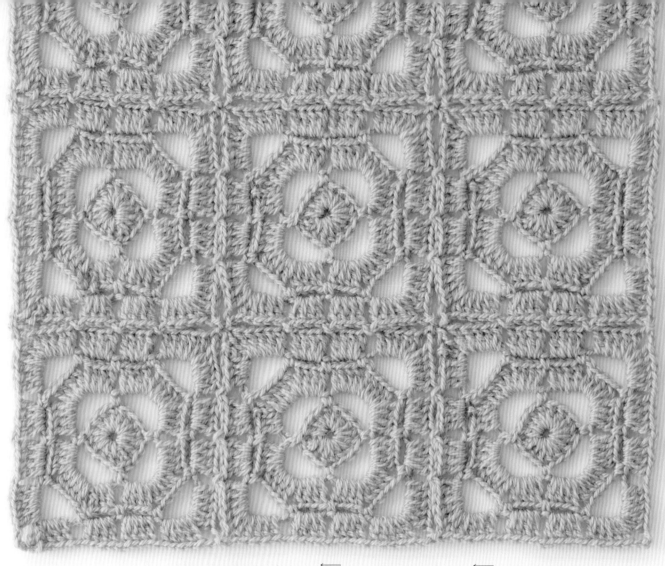

No.23

连编花片的难度与行数成正比。但由于花片是同样的编织方法，虽说有5行，但难度要比想象中的低。

编织起点（锁针25针）起针　　连续锁针（26针）

编织终点

26

No.24

这是将No.23中所包含的花片按照圆形、八边形、正方形分别进行了配色，通过这样的变化突出了不同的形状。大家在制作作品的时候，请不要犹豫，放心地编织多彩花片吧！

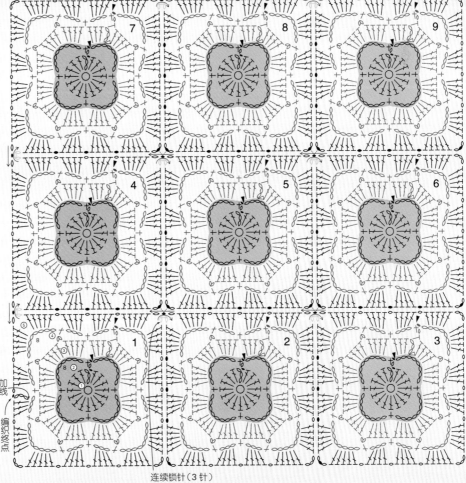

配色 { =A色
       =B色
       =底色

▷ =加线
► =剪线

连续锁针（3针）

No.25

这是在中心部分织入了八芒星的花片。如果编织得比较紧的话，呈现出来的形状会不太漂亮，所以请选择柔软的线材尝试着编织得松软一些。

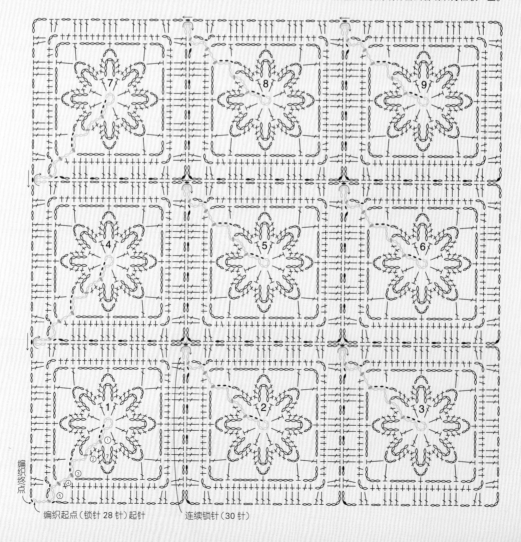

编织起点（锁针 28 针）起针　　连续锁针（30 针）

No.26

在漆黑的夜空中，排列着耀眼的八芒星，这是 No.25 的花片的配色变化。由于是大型的花片，即便是使用细线编织，也能用较少的花片来完成作品。

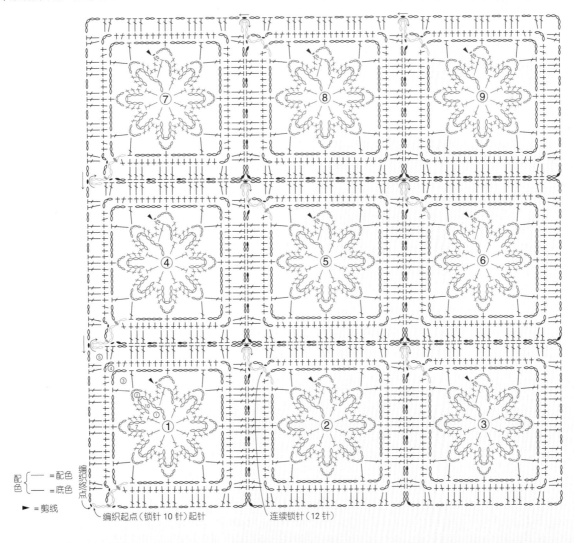

配色 { =配色
配色 { =底色

► =剪线

编织起点（锁针 10 针）起针

连续锁针（12 针）

No.27

排列着枣形针的可爱花片，编织起来略有一
些复杂，但很能燃起编织爱好者挑战的欲望。
请选择细线。

No.28

虽然No.27的花片略微有一些复杂,但由于配色的变化,连续编织的部分就只有1行。难度一下子就降低了很多。初学者也不用怕。

配色 { === =A色
       --- =B色
       ─── =底色
▷ =加线
► =剪线
加线
编织终点
连续锁针(7针)

31

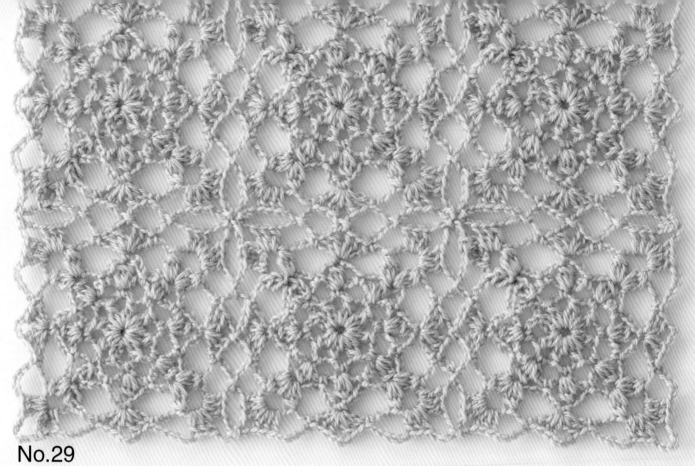

No.29

纤细而又华丽的大型花片，行数多又复杂。连接的部分以网格针为主，请选择拉伸变形也没关系的作品，使用细线来编织吧。

编织终点

编织起点（锁针26针）起针　　　连续锁针（28针）

No.30

这是 No.29 的花片的配色变化。连续编织的部分减少，编织起来轻松了许多。与花片连接的感觉完全不同，尽情地享受连续编织的乐趣吧。

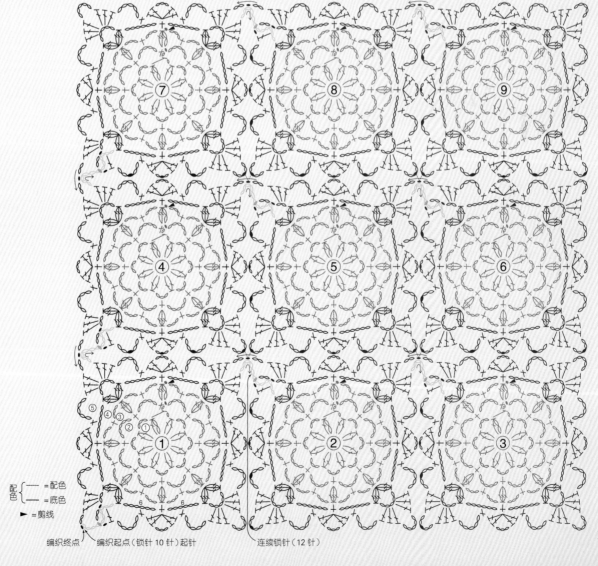

配色 { ── =配色
      ── =底色
► =剪线

编织终点　编织起点（锁针 10 针）起针　　连续锁针（12 针）

No.31

完成大型花片时的喜悦无与伦比。由于主
要使用的是长针,为了让作品不会过重,请
选择较轻的线材。编织时要注意控制网格
针的拉伸度。

编织终点

编织起点(锁针 24 针)起针　　　　连续锁针(27 针)

No.32

这是No.31的花片的配色变化。由于最后一行选择了连续编织，令纤细的感觉更加突出。虽说是复杂的花片，但由于是配色编织，难度也降低了。

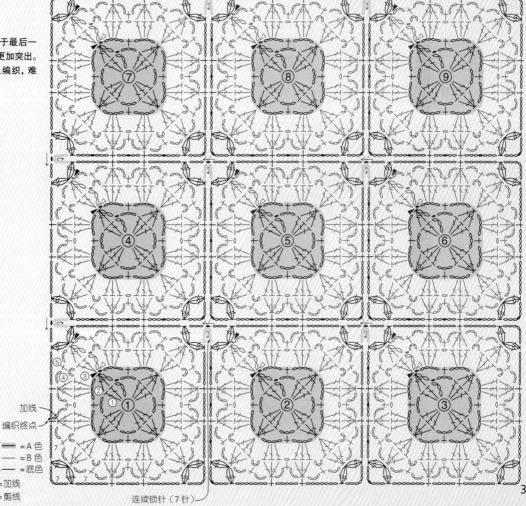

加线
编织终点

配
色 {
= A色
= B色
= 底色

► = 加线
► = 剪线

连续锁针（7针）

No.33

变化的枣形针的一个个小颗粒十分迷人。由
于行数较多，难度也较高。花片的转角连接
在一起，又浮现出其他的花样，是令人开心
的惊喜。

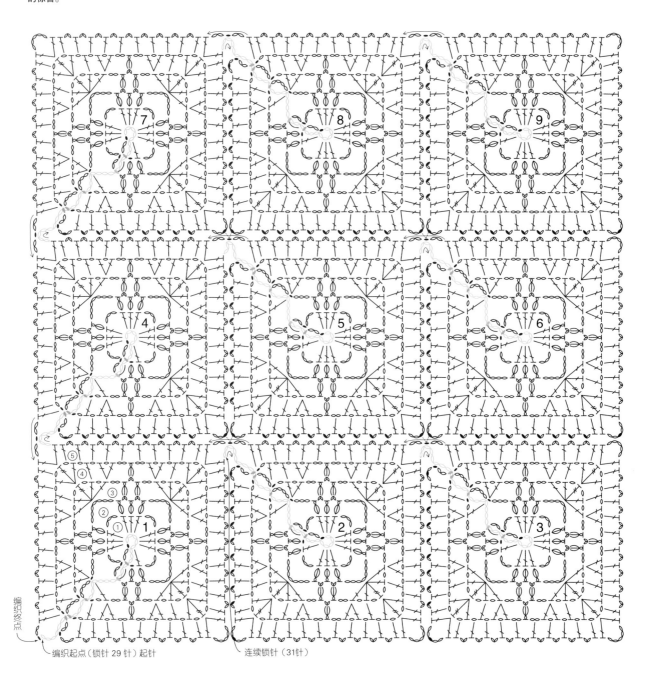

编织终点

编织起点（锁针29针）起针　　　　连续锁针（31针）

No.34

No.33的花片的配色变化，不仅降低了难度，
还变得色彩缤纷，带来了别样的美感。

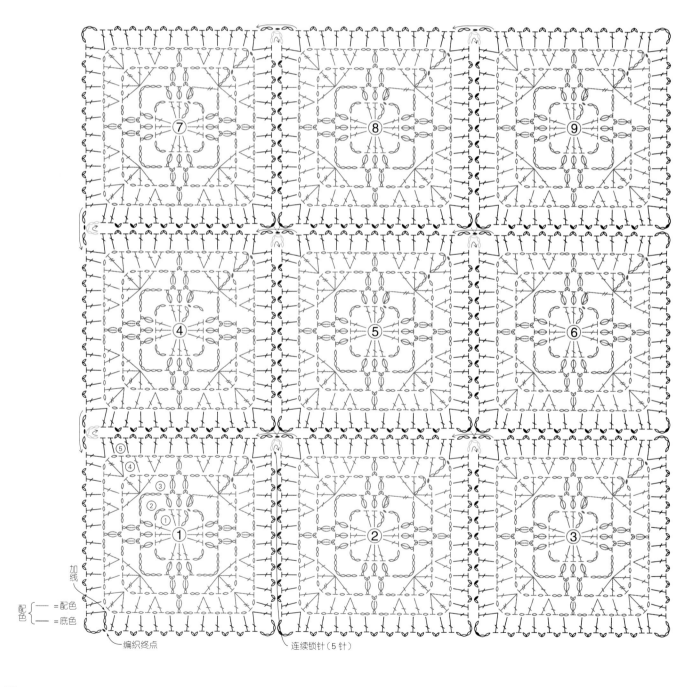

加线

配色 { =配色
色 { =底色

编织终点

连续锁针（5针）

No.35

从中心开始,一个个小小的圆形一圈圈地连接在一起的过程十分有趣!这在连编花片中十分少见,是一个一个地完成后再继续编织的,所以使用段染线也会很漂亮。(参见第105页)

No.36

由于是纤细的花样，看起来很复杂，但实际上难度并不高。在开心地一直向前编织的时候，别忘了最具魅力的狗牙针。

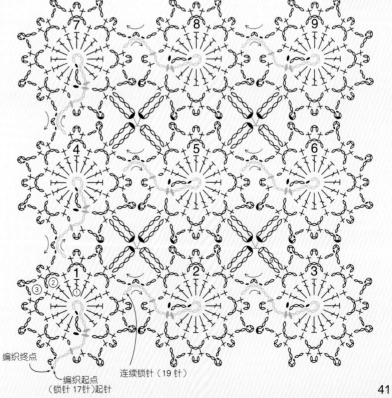

编织终点
编织起点
（锁针 17 针）起针
连续锁针（19 针）

No.37

这是将简约的圆形花片直线连接在一起的样式。这样的排列显得十分清爽。花片之间的空隙,之后再编织小花片填充进去也不错。

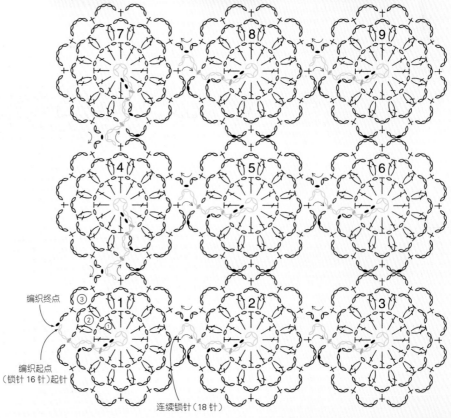

编织终点

编织起点
(锁针 16 针)起针

连续锁针(18 针)

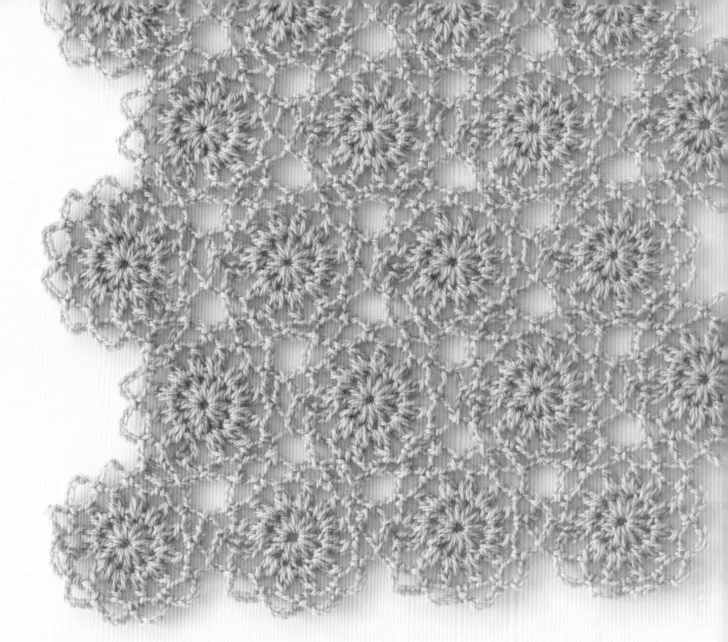

No.38

这是改变了No.37的花片的排列方法的花样。
看起来变化很大, 但只是连续锁针开始的位
置略有不同, 编织方法完全相同, 很是令人
意外。

编织终点

编织起点
(锁针16针)起针

连续锁针（18针）

No.39

优美的大型圆花片，存在感爆棚。一个个的狗牙针是最具魅力的地方。由于是颇为大型的花片，请使用细线编织。

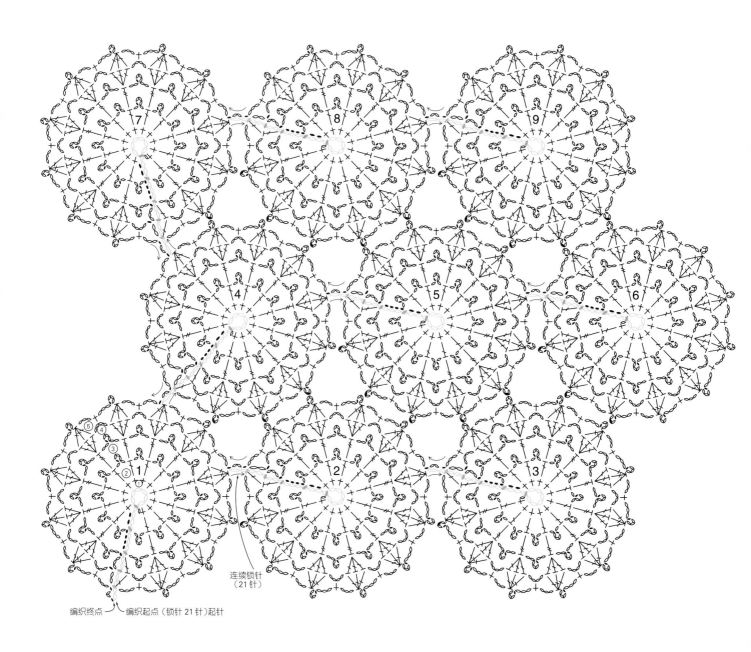

编织终点　编织起点（锁针21针）起针

连续锁针（21针）

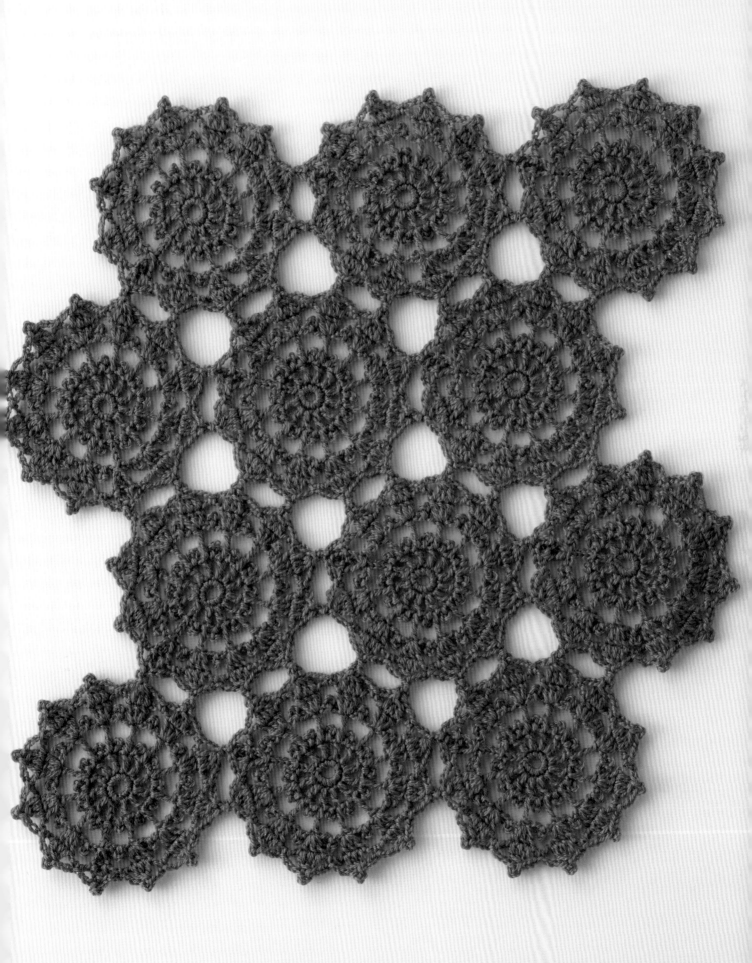

No.40

花片之间的空隙的形状也是十分可爱的花
片。最终行的短针编织在上上行的针目上,
令花瓣更加漂亮。

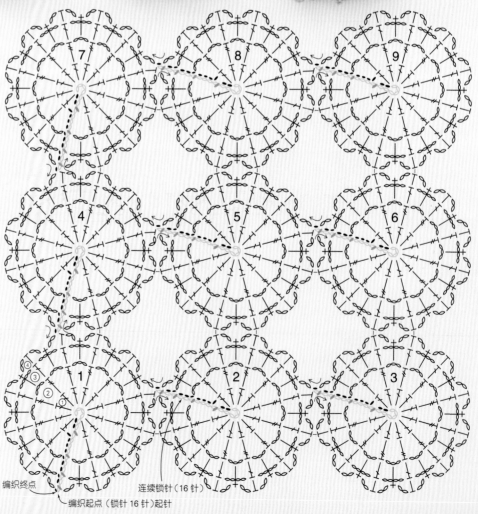

编织终点
编织起点(锁针16针)起针
连续锁针(16针)

No.41

这是改变了No.40的花片的排列方式的花样。通过交错的排列，拥有了卓越的稳定感。通过引拔连续锁针而过渡到下一行，难度较低。

编织终点

连续锁针（16针）

编织起点（锁针16针）起针

No.42

这是将可爱的雏菊花样的花片直线连接在一起的样式。即便是单色的作品，选择的颜色不同，也能呈现出不同的感觉。(参见第105页)

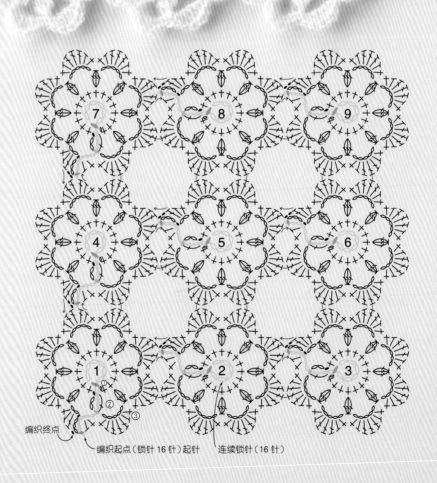

编织终点

编织起点（锁针16针）起针　连续锁针（16针）

No.43

将最后一行改为深色或是浅色，配色的妙处就是让人屡试不爽。这个作品是No.42的花片的配色变化，选择了深色的方案。（参见第105页）

配色 { —— = 配色
      —— = 底色
► = 剪线

加线

编织终点

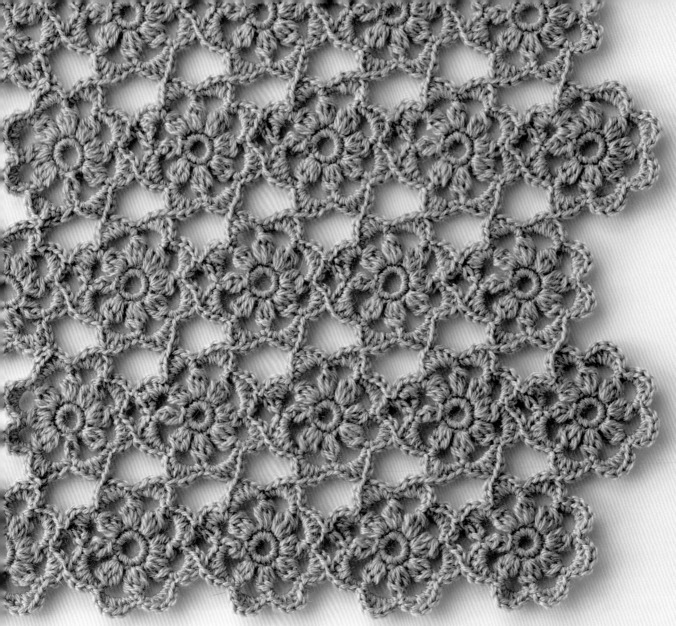

No.44

这是改变了No.42的花片的排列方式的花样，给人带来了微风吹过花海一般的动感。由于是交错排列，增强了连接处的稳定感。
（参见第105页）

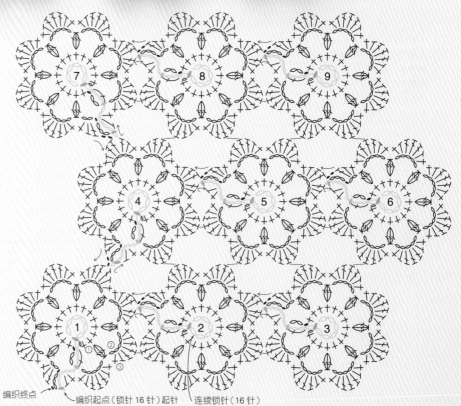

编织终点　　　编织起点（锁针16针）起针　　连续锁针（16针）

No.45

这是 No.44 的花片的配色变化。增加配色线
的种类，更能突出花海的感觉。使用亮色系
的配色线，尽享充满活力的感觉吧！（参见第
105页）

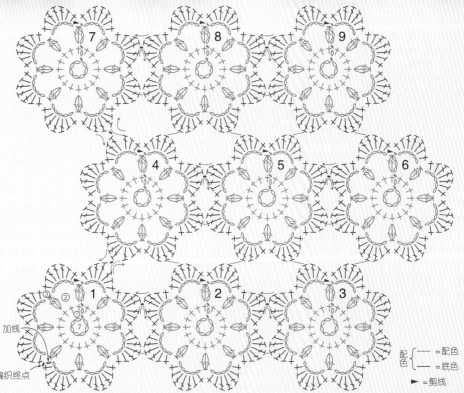

加线

编织终点

配 { —— =配色
{ —— =底色

► =剪线

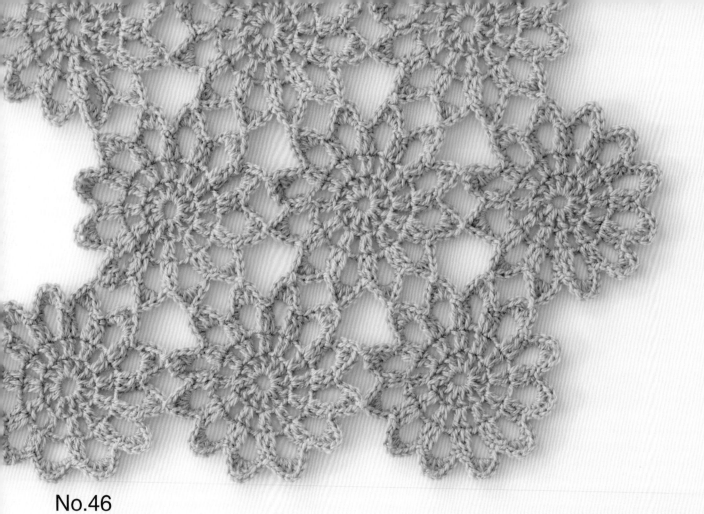

No.46

中心是又大又圆的如向日葵一般的花片。交替排列虽然比较稳固，但在编织大型作品的时候要注意变形的问题。

编织终点

编织起点
（锁针 23 针）起针

连续锁针（25针）

No.47

编织4行而完成的花片，适合初学者的进阶。如果最后一行的锁针控制不好的话，可以通过边缘编织来调整形状，只在最后一行做一些变化也可以。

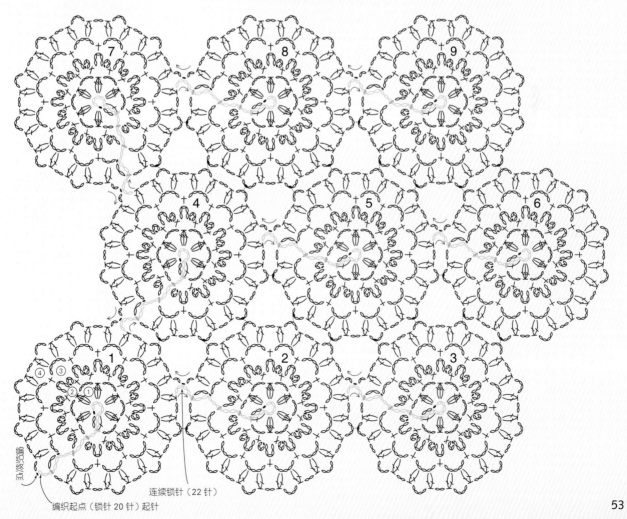

编织终点

连续锁针（22针）

编织起点（锁针20针）起针

No.48

好像是使用梯子连接在一起的花片。连接之后变成了六边形，但外侧的边缘部分又像是圆形，十分有趣。（参见第106页）

编织终点
编织起点
（锁针 25 针）起针　　　　连续锁针（27 针）

No.49

这是 No.48 的花片的配色变化。最后 2 行选择了浅色，犹如优雅的波浪包裹连接着多彩的花片。（参见第 106 页）

编织终点
编织起点
（锁针 5 针）起针

连续锁针（7 针）

配 { — = 配色
   { — = 底色

► = 剪线

No.50

这是独特的立体花片。符号图看起来有些复杂，但仔细研究一下，实际的难度并不高。编织完成后，用蒸汽熨斗定型的话效果会更好。

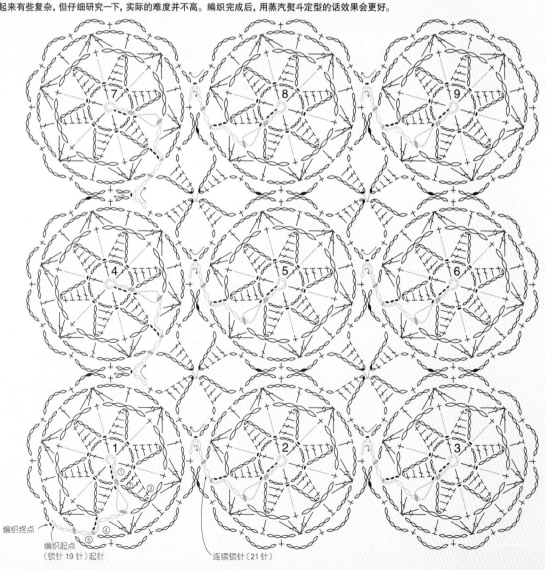

编织终点
编织起点
（锁针19针）起针
连续锁针（21针）

No.51

这是 No.50 的花片的配色变化，为了让立体的部分更加漂亮，选择了深浅对比的配色。为了填充花片之间的空隙，设计了风车花样，与整体十分搭配。

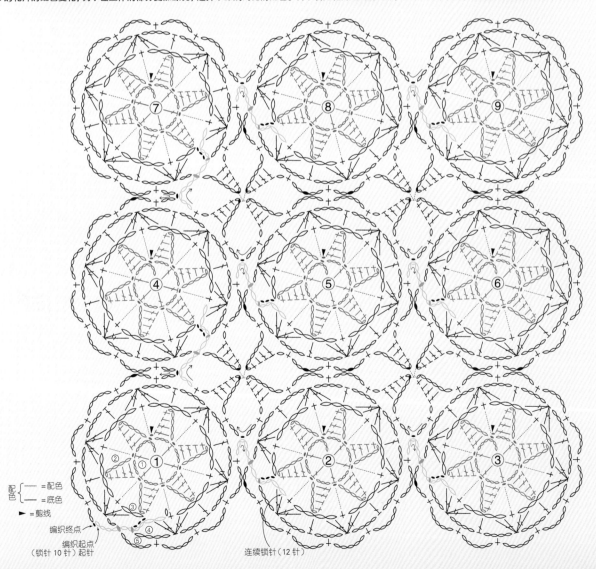

配色 { ——— =配色
配色 { ——— =底色
► =剪线
编织终点
编织起点
（锁针 10 针）起针

连续锁针（12 针）

No.52

这是将No.50的花片交替排列的变化款,由于不需要填充花片之间的空隙,所以编织起来变得简单了。为了完成较长的作品,就需要多编织一些花片了。

编织终点

编织起点
(锁针19针)起针

连续锁针
(21针)

58

No.53

这是No.52的花片的配色变化，立体部分的配色更突出了六角星的形状。其实，这个花片从反面看到的效果也非常有趣，大家可以试试看哦。

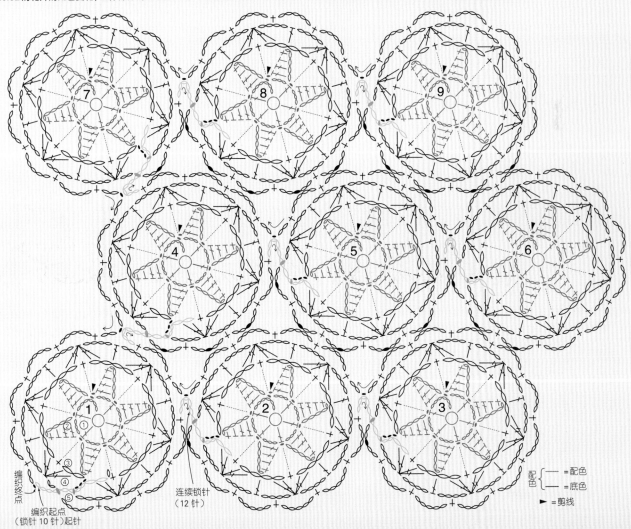

编织终点
编织起点
（锁针10针）起针

连续锁针
（12针）

配色 { ── =配色
       ── =底色

► =剪线

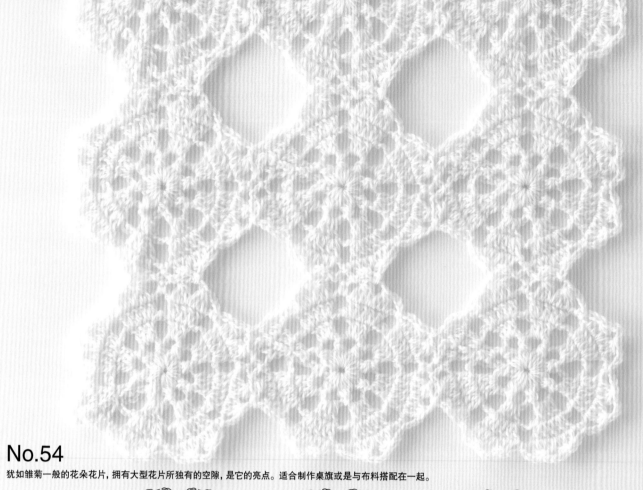

No.54

犹如雏菊一般的花朵花片,拥有大型花片所独有的空隙,是它的亮点。适合制作桌旗或是与布料搭配在一起。

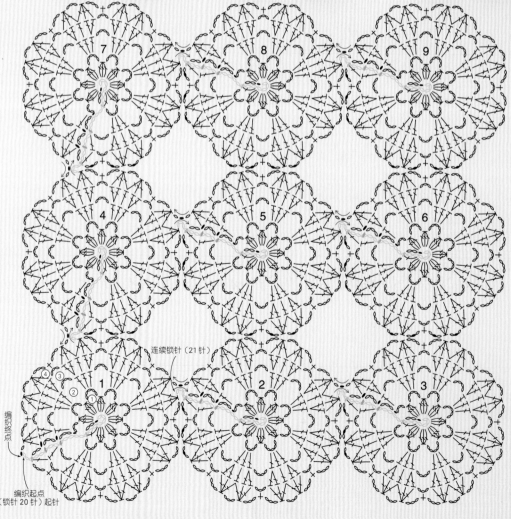

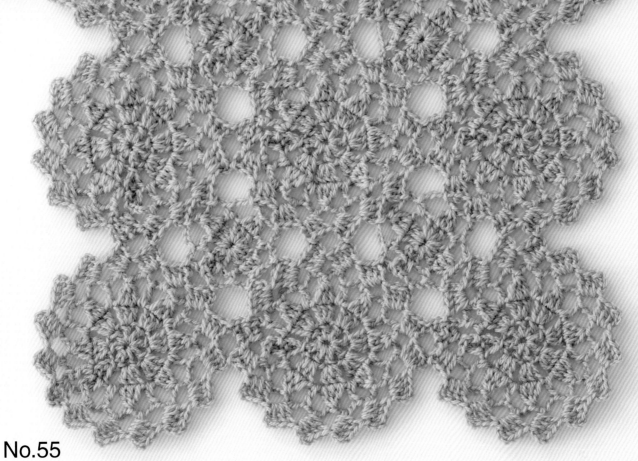

No.55

填充在大型花片之间的小花片也可以一起连续编织！虽说难度会略微提高，但大家一定要找个机会尝试一下。

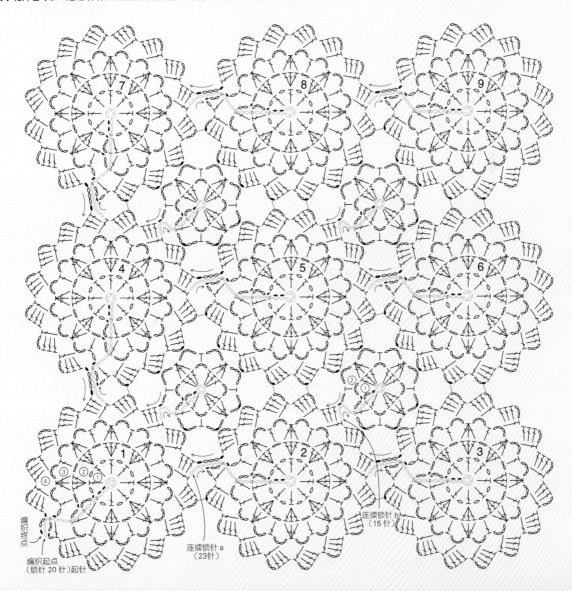

编织终点

编织起点
（锁针 20 针）起针

连续锁针 a
（23针）

连续锁针 b
（15针）

No.56

连续编织的高手一定会想尝试一下的，估计就是这个本书中最难的花片了。注意最后一行的狗牙针哦，很容易出错的。（参见第106页）

编织终点

编织起点（锁针29针）起针

连续锁针（31针）

No.57

这是 No.56 的花片的配色变化。中心的齿轮
部分虽说编织起来有一些难度，但比连续编
织的难度要降低许多，大家尽可以放心编织。

（参见第107页）

配色 {
= 配色
= 底色
}

► = 剪线

编织终点
编织起点
（锁针6针）起针

连续锁针（8针）

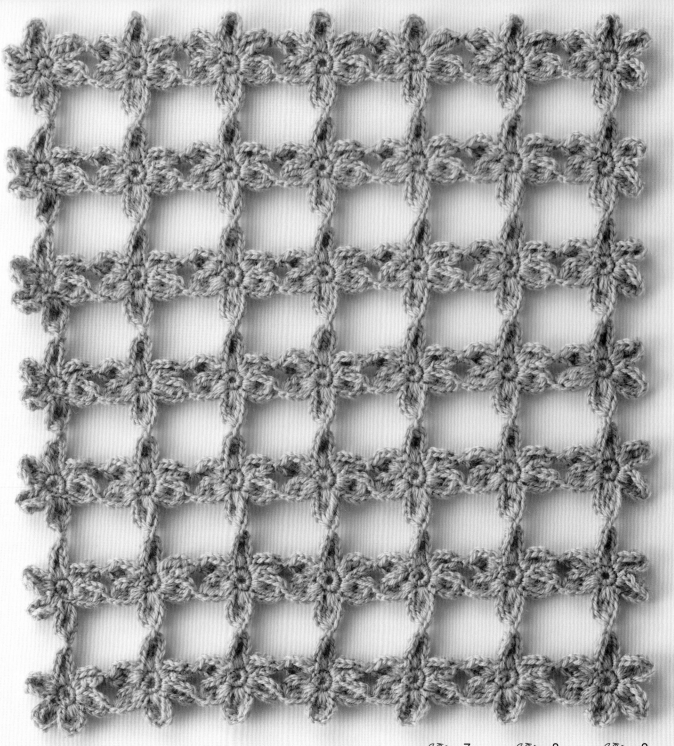

No.58

将编织2行就能完成的六瓣花朵花片，简约
地连接在了一起。由于是小型的花片，所以
不挑线材，使用粗线编织也可以。（参见第
107页）

编织终点

编织起点
（锁针10针）起针

连续锁针（15针）

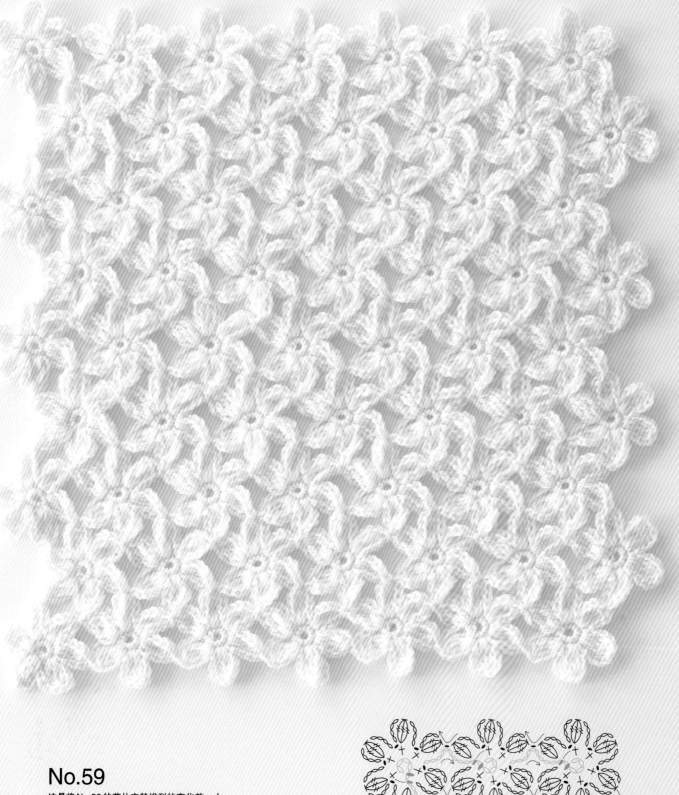

No.59

这是将No.58的花片交替排列的变化款。小小的花朵密集地排列在一起，虽说是单色，但也十分引人注目。使用马海毛线编织的效果也不错哦。（参见第107页）

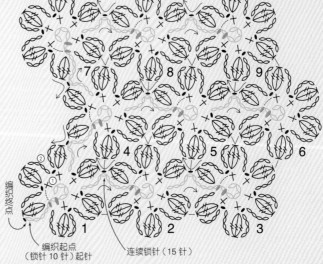

No.60

花片中间所填充的锁针与六边形的花片交相
辉映，看起来很像是龟壳的花纹。改变狗牙
针的针数，可以让空隙的部分连接得更紧密。

编织终点

编织起点
（锁针17针）起针

连续锁针（18针）

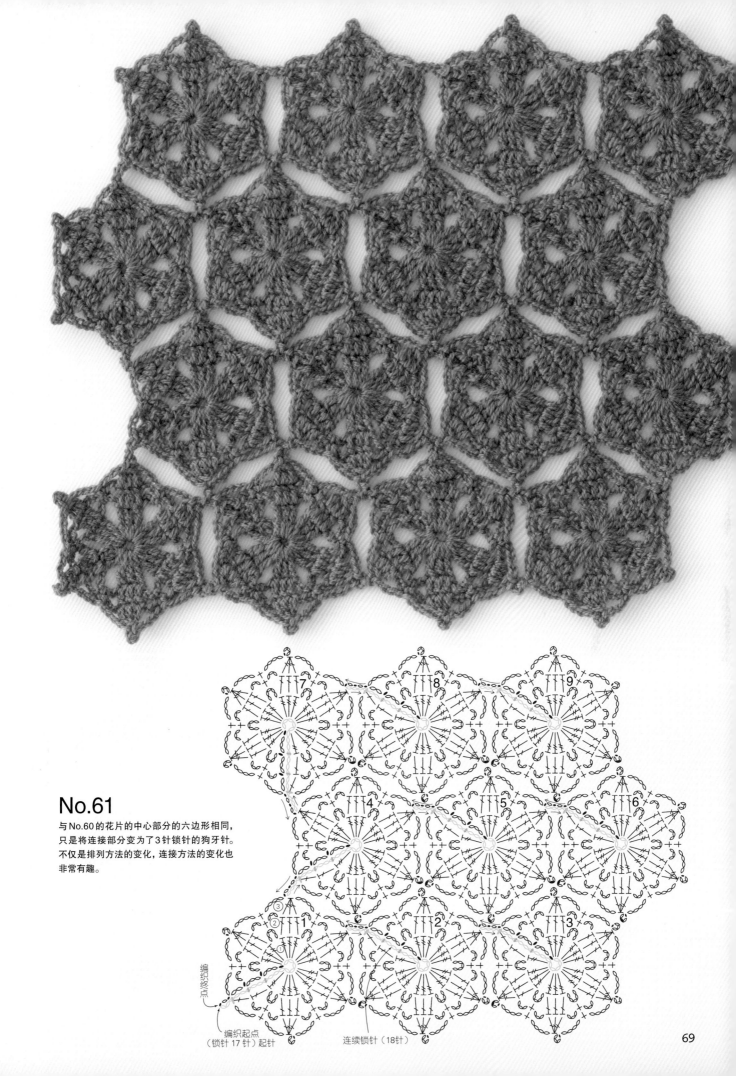

No.61

与No.60的花片的中心部分的六边形相同，只是将连接部分变为了3针锁针的狗牙针。不仅是排列方法的变化，连接方法的变化也非常有趣。

编织终点

编织起点
（锁针17针）起针

连续锁针（18针）

No.62

这是将小小的六边形用密实的大六边形包围的设计。由于只是用狗牙针相连接，所以伸缩性很好，看起来也像是用圆形包围着似的。

编织终点
编织起点
（锁针 19 针）起针
连续锁针（20 针）

No.63

这是No.62的花片的配色变化。如此的配色，
以及龟壳花纹，带来了些许日式的感觉。

配色 {— =配色
      — =底色

► =剪线

编织终点
编织起点
（锁针8针）起针

连续锁针（9针）

No.64

将漂亮的雪花连接在一起，花片的中央部分
与花片之间的间隙大小几乎相同，看起来就
像是大型的花片铺展开来一样。连续编织的
部分略微有些难，加油！

编织终点

编织起点
（锁针17针）起针

连续锁针（26针）

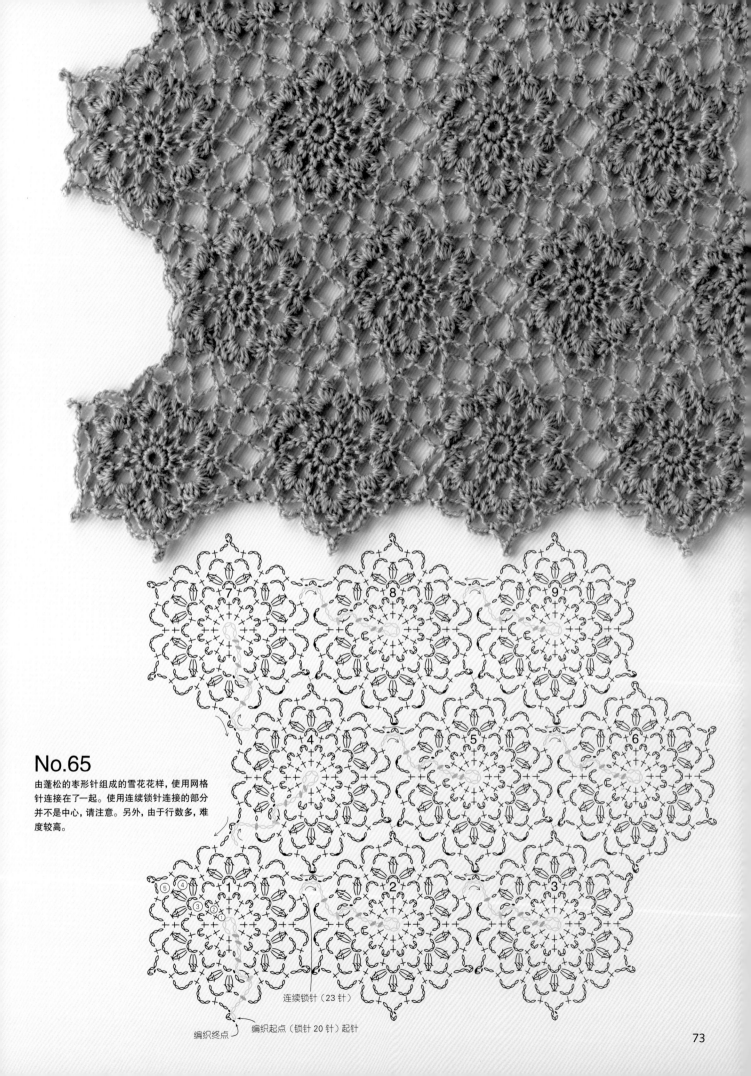

No.65

由蓬松的枣形针组成的雪花花样，使用网格针连接在了一起。使用连续锁针连接的部分并不是中心，请注意。另外，由于行数多，难度较高。

连续锁针（23针）

编织终点

编织起点（锁针20针）起针

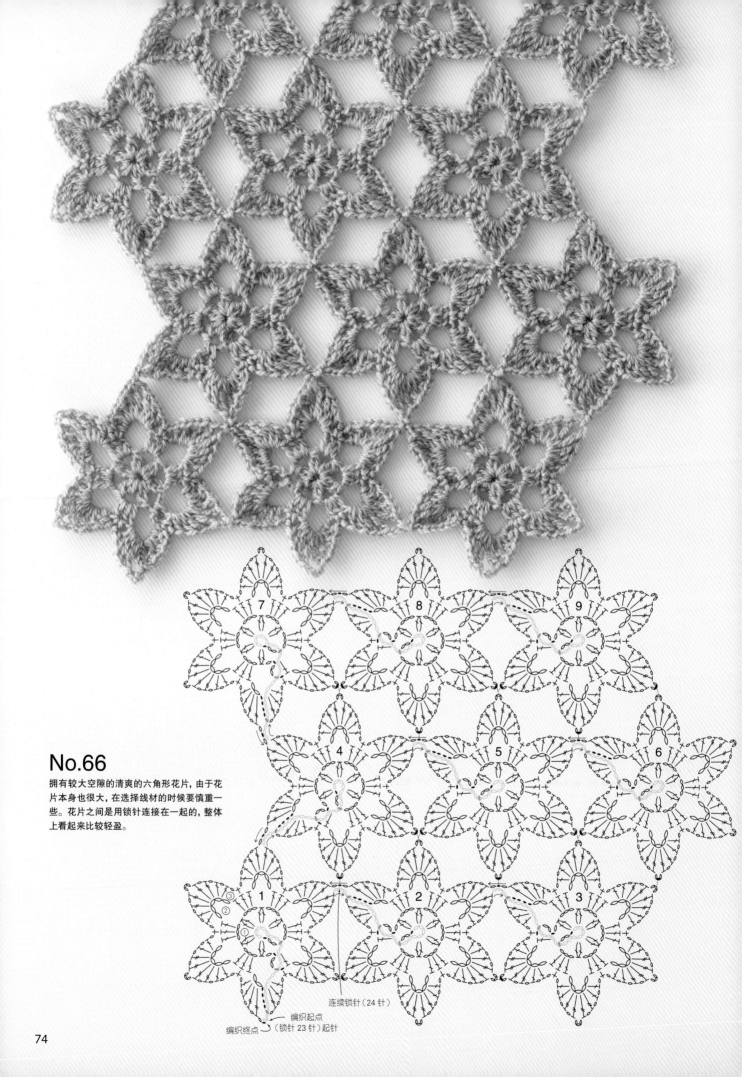

No.66

拥有较大空隙的清爽的六角形花片, 由于花
片本身也很大, 在选择线材的时候要慎重一
些。花片之间是用锁针连接在一起的, 整体
上看起来比较轻盈。

连续锁针（24 针）

编织起点

编织终点 （锁针 23 针）起针

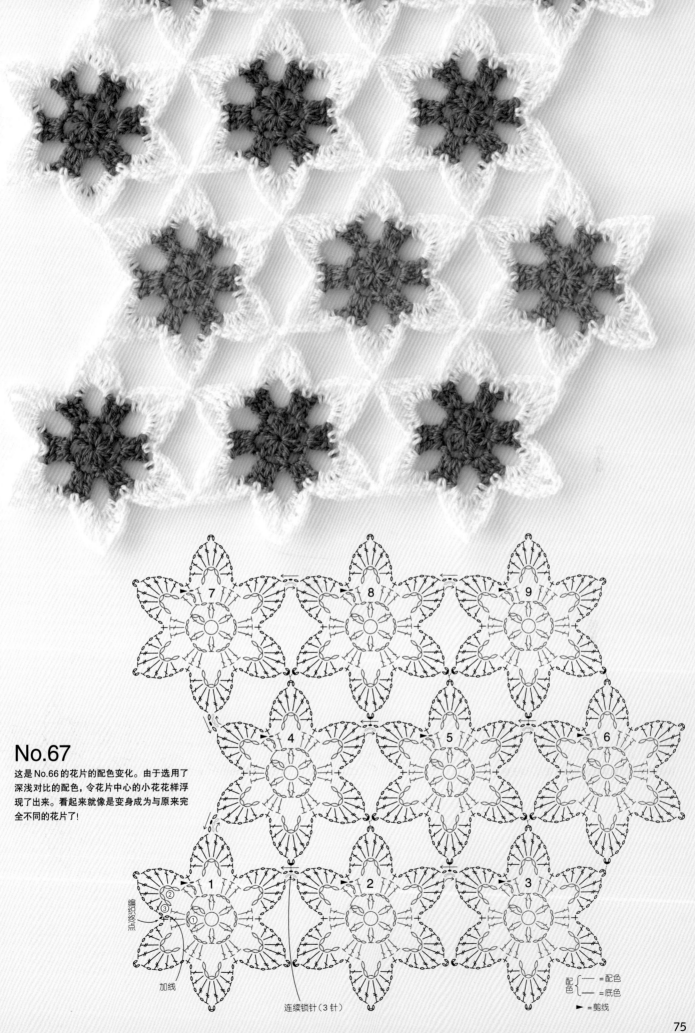

No.67

这是 No.66 的花片的配色变化。由于选用了深浅对比的配色,令花片中心的小花花样浮现了出来。看起来就像是变身成为与原来完全不同的花片了!

编织终点

加线

连续锁针(3针)

配色 { —— =配色
—— =底色 }

► =剪线

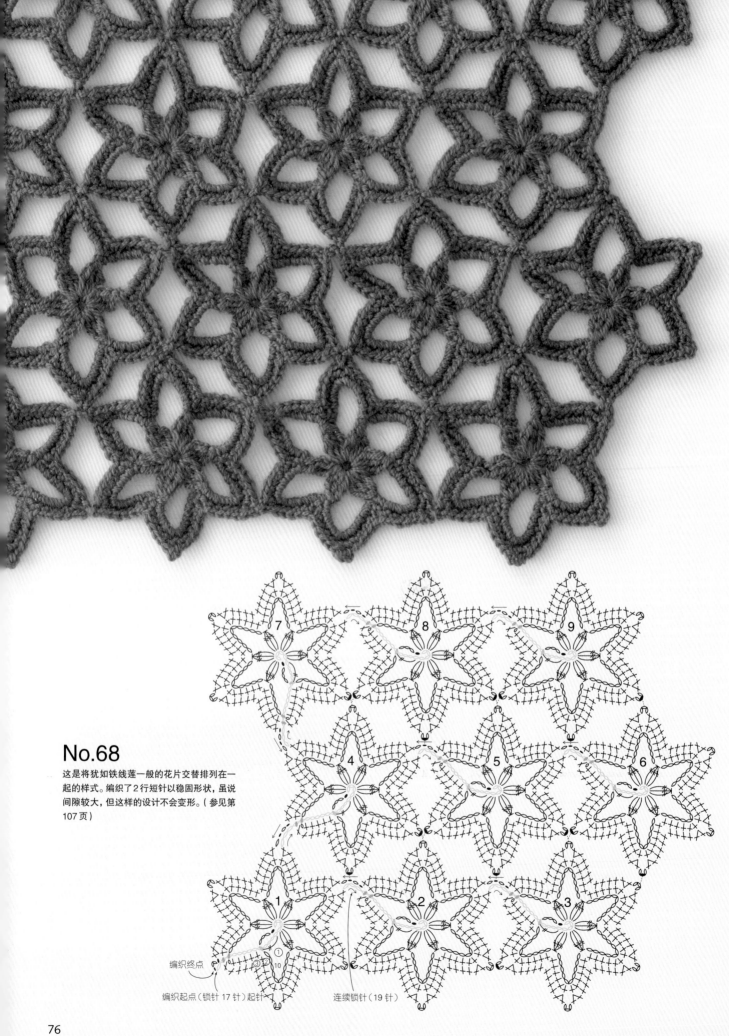

No.68

这是将犹如铁线莲一般的花片交替排列在一起的样式。编织了2行短针以稳固形状，虽说间隙较大，但这样的设计不会变形。(参见第107页)

编织终点

编织起点（锁针17针）起针

连续锁针（19针）

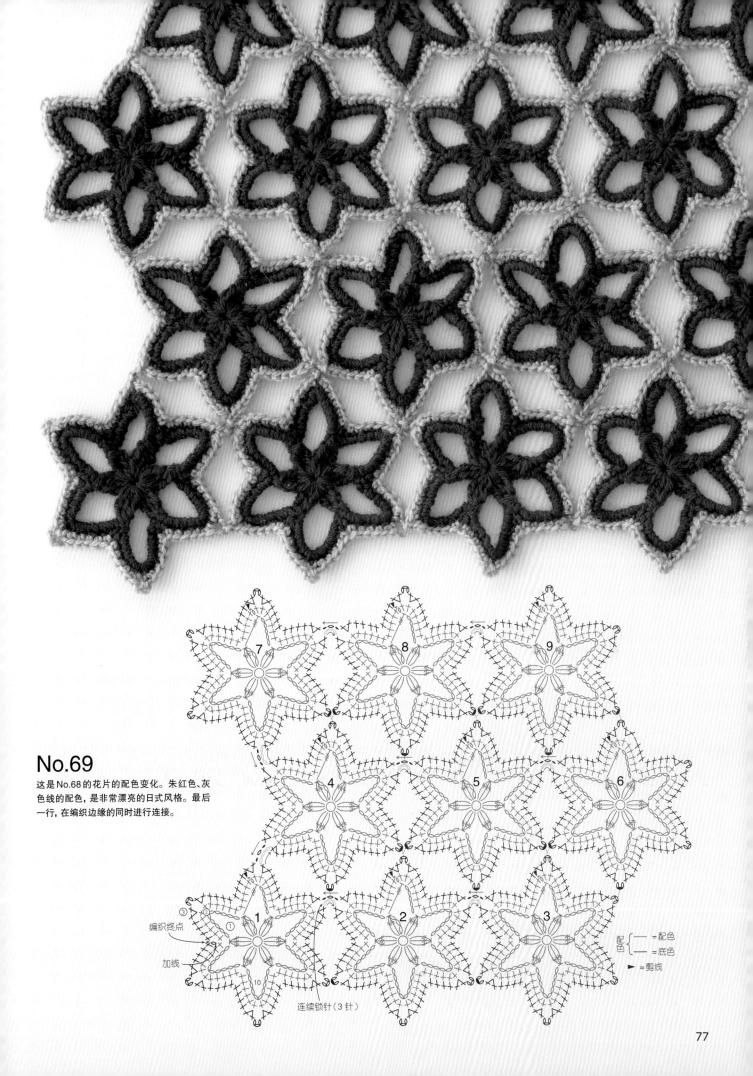

No.69

这是 No.68 的花片的配色变化。朱红色、灰色线的配色，是非常漂亮的日式风格。最后一行，在编织边缘的同时进行连接。

编织终点

加线

配色 { = 配色
配色 { = 底色
► = 剪线

连续锁针（3 针）

No.70

这个六角形的花片，仿佛是在保护着内侧的
六片花瓣。最后一行的、针尾连接在一起的
长针，一定要分开针目进行编织，才能保证
不易变形。

编织终点
编织起点
（锁针 23 针）起针

连续锁针（24 针）

No.71

这是 No.70 的花片的配色变化，内侧的六瓣花朵显得更加漂亮了。大型的花片及对比分明的明暗配色，造就了这个非常有张力的连编花片。

配色 {
　— ＝配色
　— ＝底色
}
► ＝剪线

编织终点

编织起点
（锁针 11 针）起针

连续锁针（12 针）

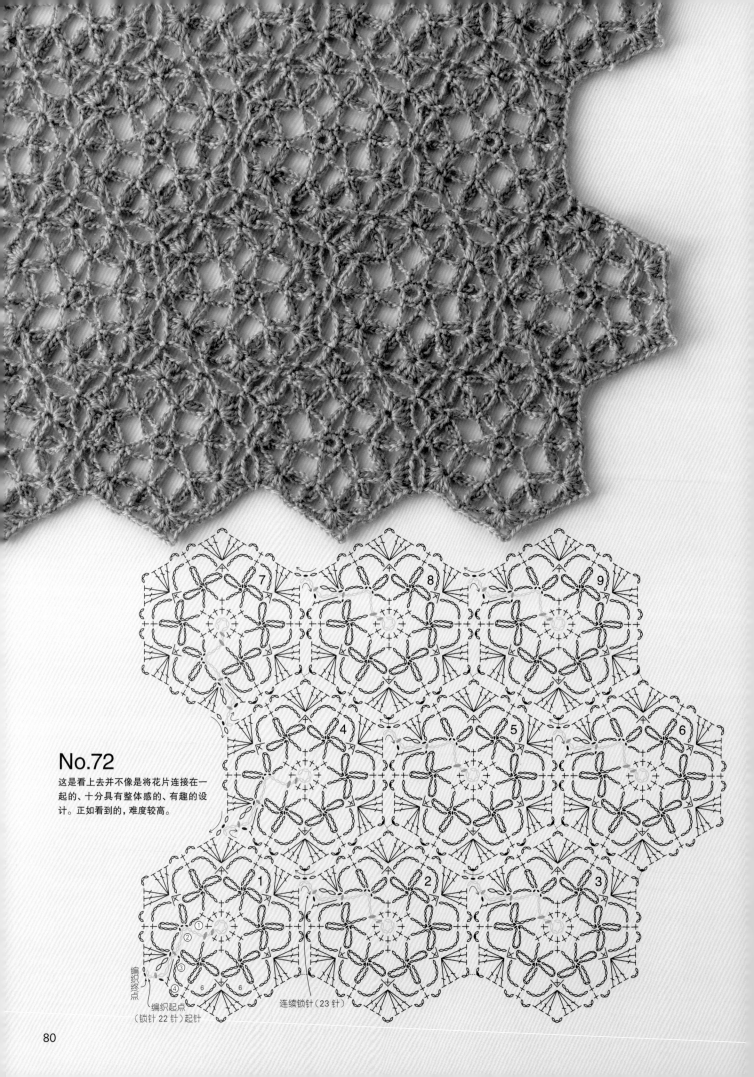

No.72

这是看上去并不像是将花片连接在一起的、十分具有整体感的、有趣的设计。正如看到的，难度较高。

编织终点
编织起点
（锁针 22 针）起针

连续锁针（23 针）

No.73

这是No.72的花片的配色变化。花片的中心部分，看起来就像是雪花一般。填充在空隙中的松叶针所组成的三角形花样也很漂亮，锦上添花。

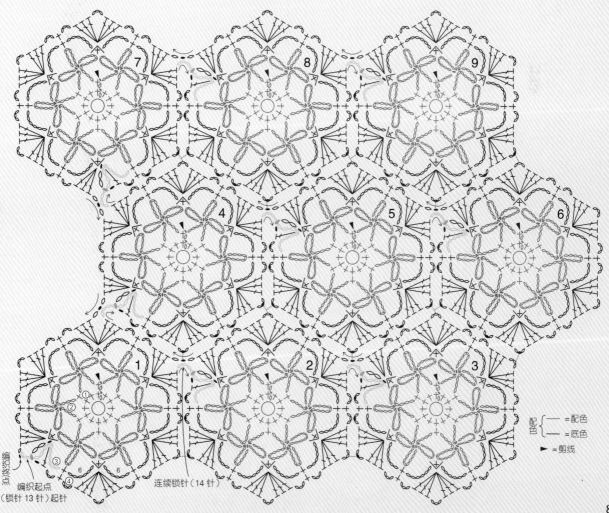

配色 { =配色
配色 { =底色
► =剪线

编织终点
编织起点
（锁针13针）起针
连续锁针（14针）

No.74

中心部分的长针与枣形针的组合，能够让人
联想到矢车菊的花朵，大气而又迷人。由于
行数很多，请选择轻又细的线材。

编织终点

编织起点
（锁针 24 针）起针

连续锁针（27 针）

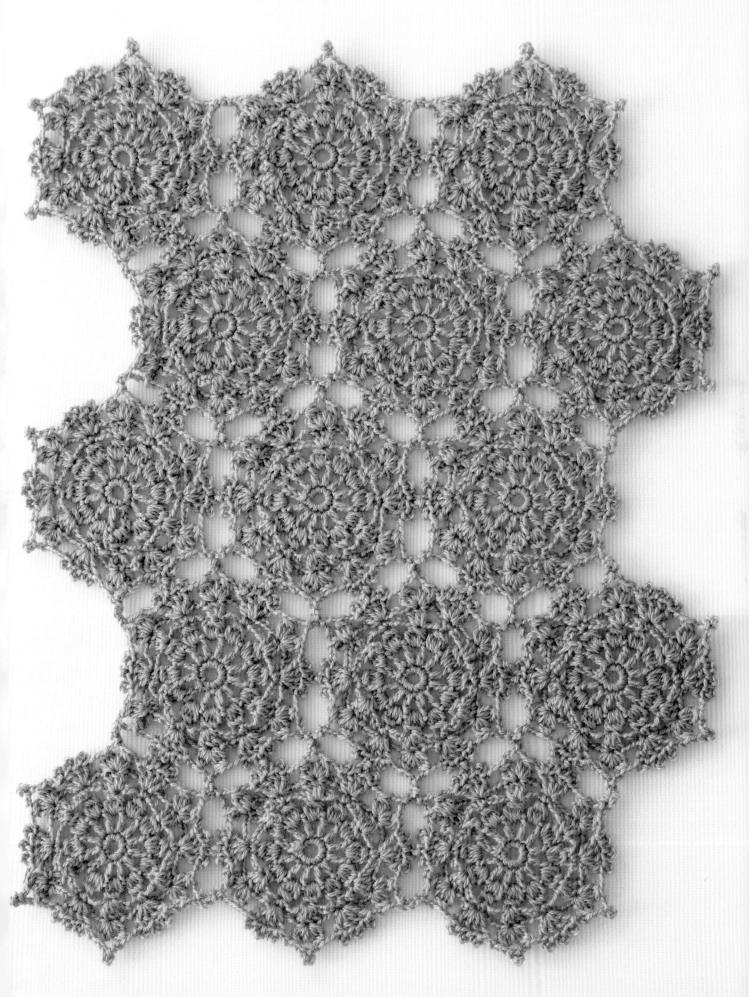

No.75

这是 No.74 的花片的配色变化。连编部分的
枣形针和狗牙针，居然能够呈现出这么华丽
的效果！通过配色，有时可以遇到单色编织
中很容易忽略的惊喜。

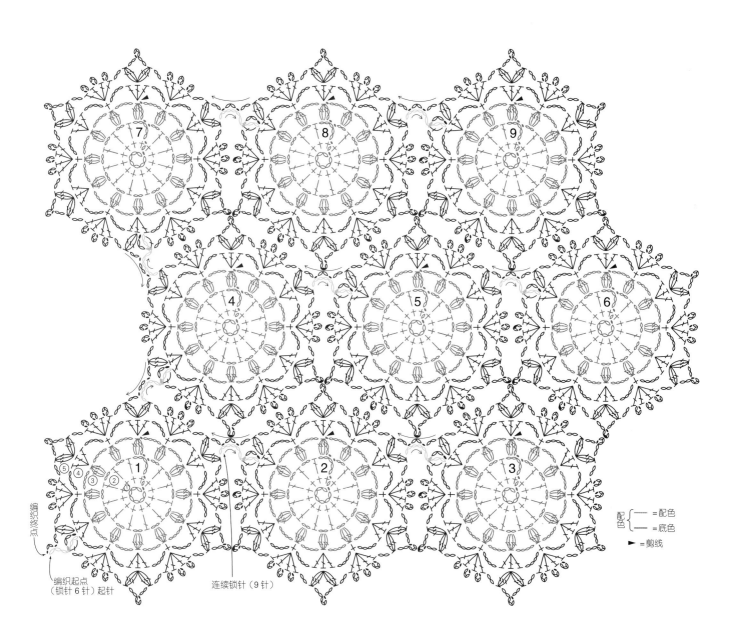

编织终点

编织起点
（锁针 6 针）起针

连续锁针（9 针）

配色 ┤┄┄ ＝配色
配色 ┤── ＝底色

► ＝剪线

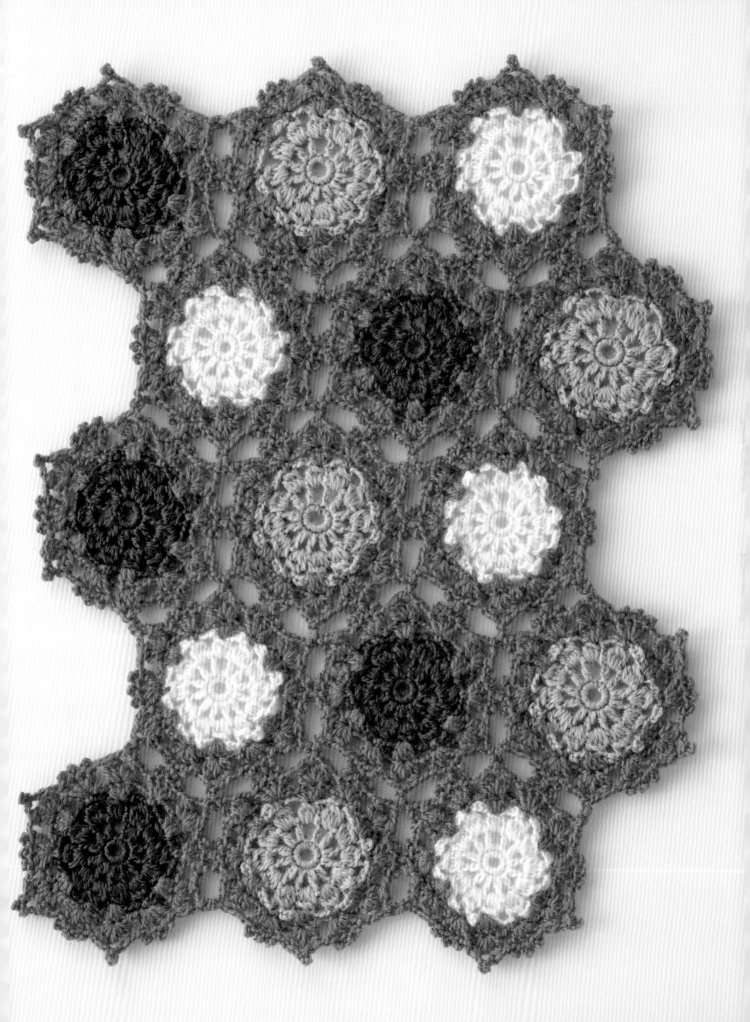

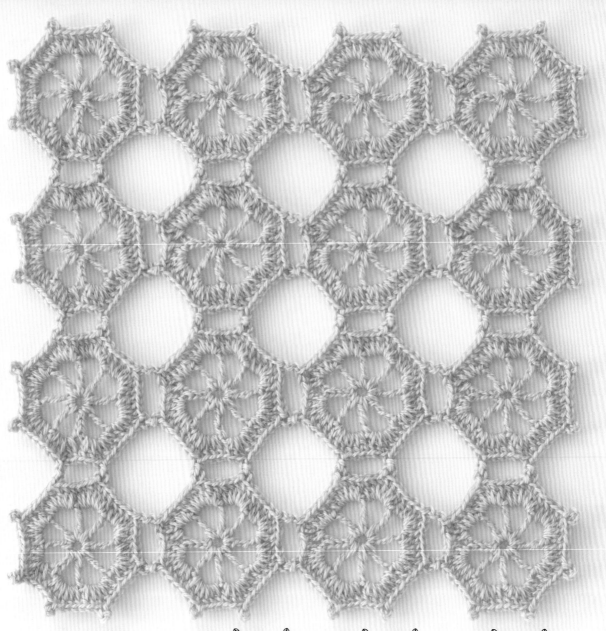

No.76

这个清爽的八边形花片,内侧看起来很像是橙子或者柠檬的切面。编织方法简单,却不容易变形,是非常有趣的连编花片。

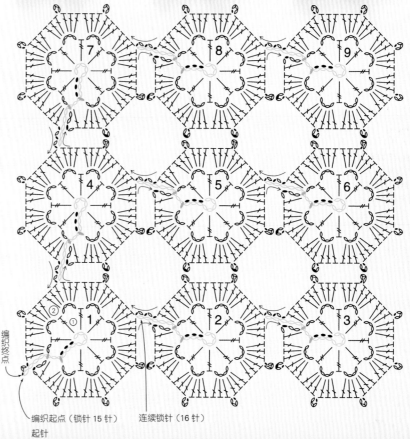

编织终点
编织起点
起针

编织起点(锁针15针)　连续锁针(16针)

No.77

这是将 No.76 的花片交替排列的变化款。不但稳定度有所增加，密度也有所增加。随着编织的继续，整体看起来就像是水果的大聚会，充满了愉快的氛围。

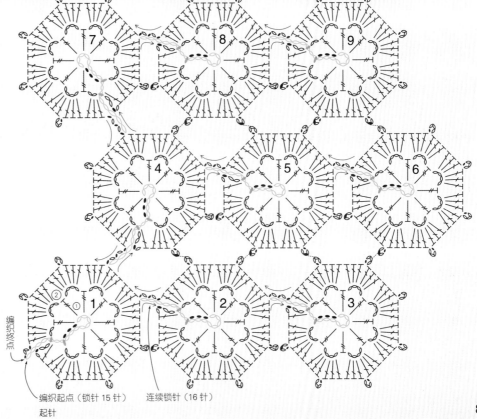

编织终点

编织起点（锁针 15 针）　　连续锁针（16 针）
起针

No.78

这是向八个方向不断增加长针数量而形成的、非常简约的八瓣花朵花片。由于花片之间的空隙很多，请选择细线编织。

编织终点

编织起点
（锁针 21 针）起针

连续锁针（21 针）

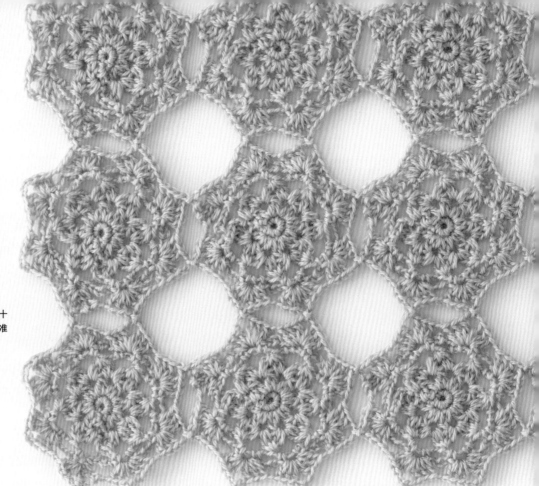

No.79

这是以长针形成的饱满的花朵为中心的、十分可爱的八角形花片。进行配色的话，没准儿会出现别样的可爱之处哦。

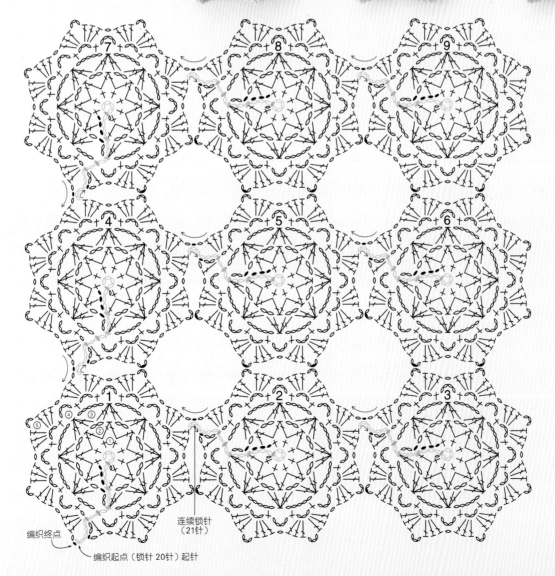

编织终点

连续锁针
（21针）

编织起点（锁针 20针）起针

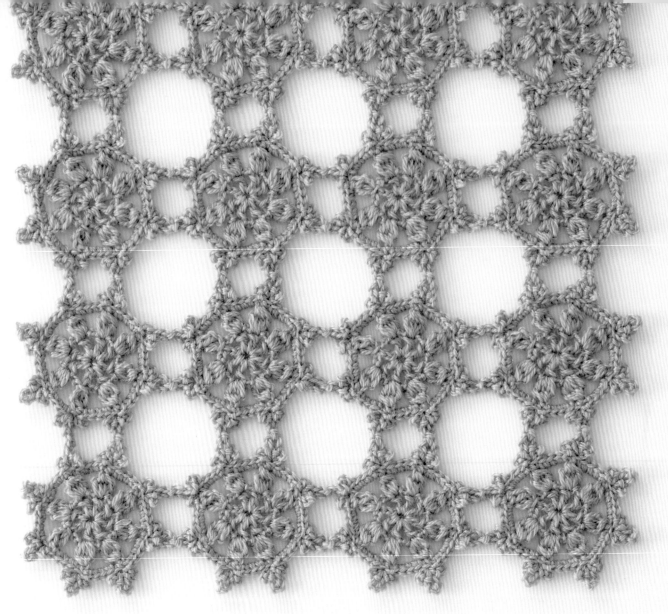

No.80

单一的狗牙针就已经非常可爱，这里却在最后一行并列地设计了3个，可谓一大亮点。由于3个狗牙针在同一位置引拔，编织时注意不要出错。

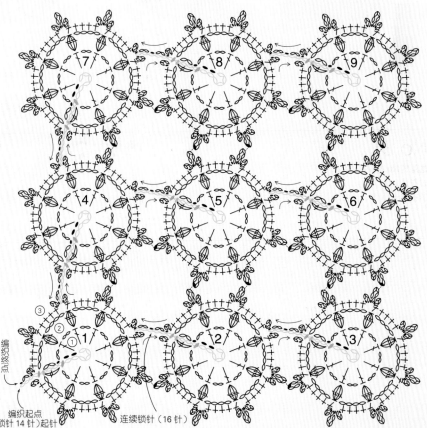

编织终点

编织起点
（锁针14针）起针

连续锁针（16针）

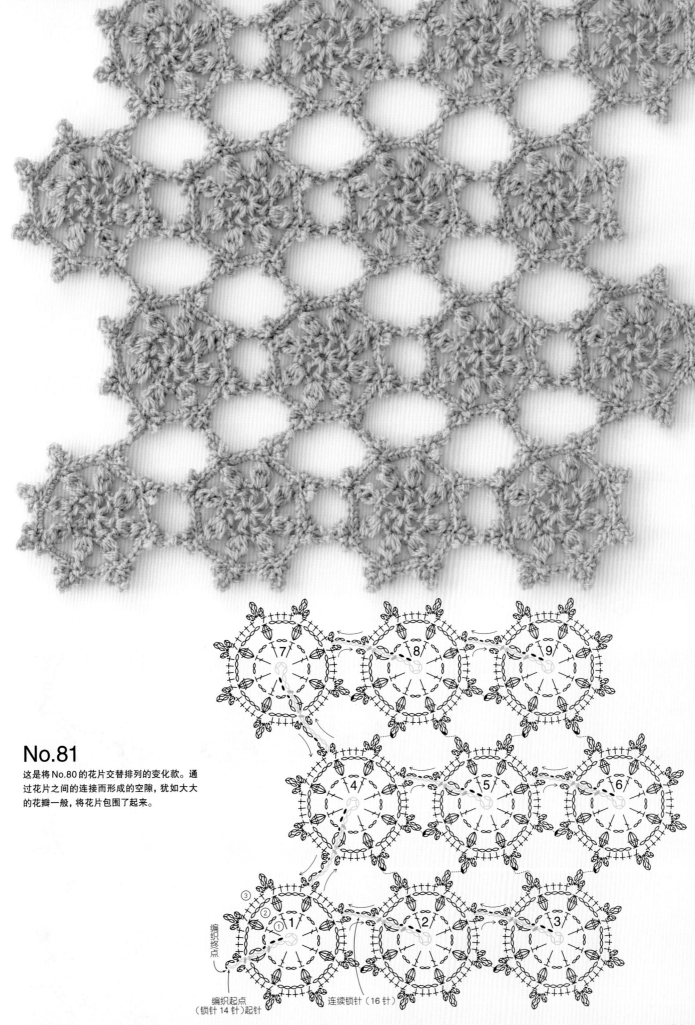

No.81

这是将 No.80 的花片交替排列的变化款。通过花片之间的连接而形成的空隙，犹如大大的花瓣一般，将花片包围了起来。

编织终点

编织起点
（锁针 14 针）起针

连续锁针（16 针）

No.82

使用三角形花片的连编花片，是比较少见的。
编织起来并没有想象中的那么难，只要按照
符号图一点点地编织就没问题！

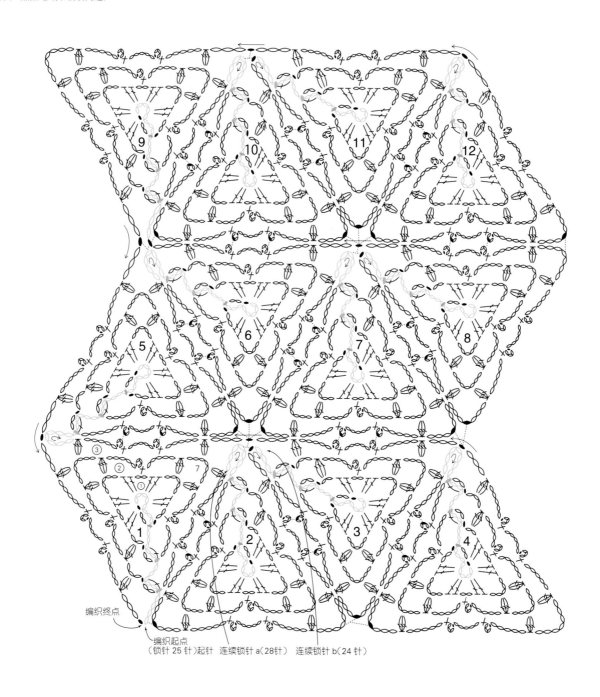

编织终点

编织起点
（锁针25针）起针　连续锁针a（28针）　连续锁针b（24针）

No.83

这是含有风车花样的八边形花片。以2针长长针并1针和锁针重复循环而形成的三角形为基础的构造，是十分新颖的设计。

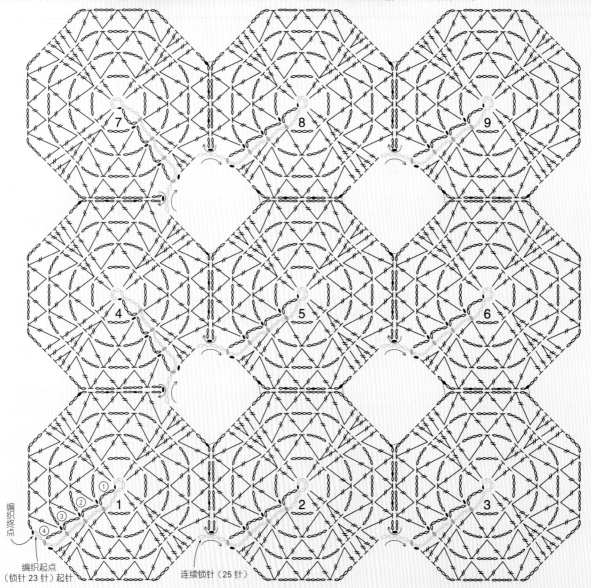

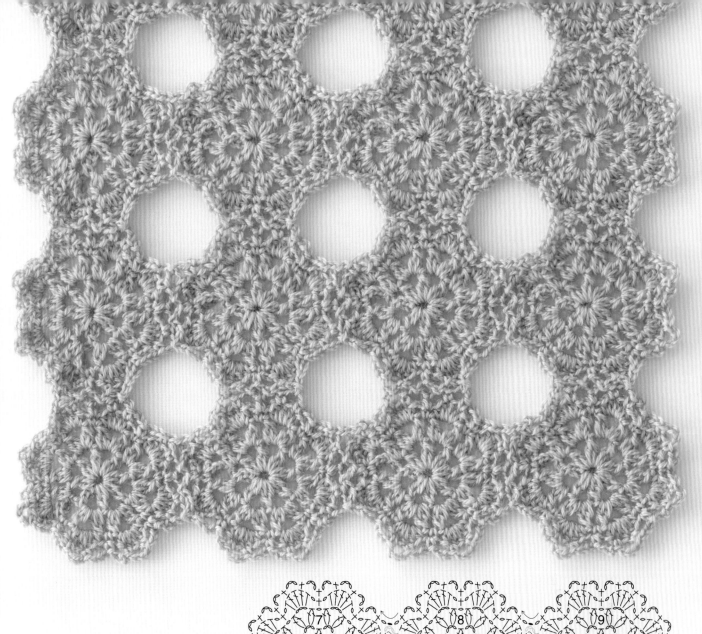

No.84

通过最后一行的锁针的包围，让花片整体呈现出了纤细的感觉。大胆地留出来的花片间的空隙，让整体看来密疏有致，是十分独特的设计。

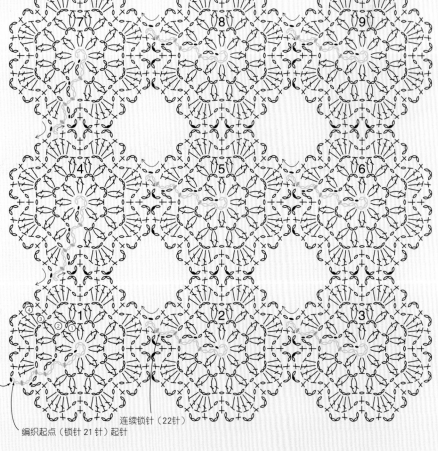

编织终点

编织起点（锁针 21 针）起针

连续锁针（22针）

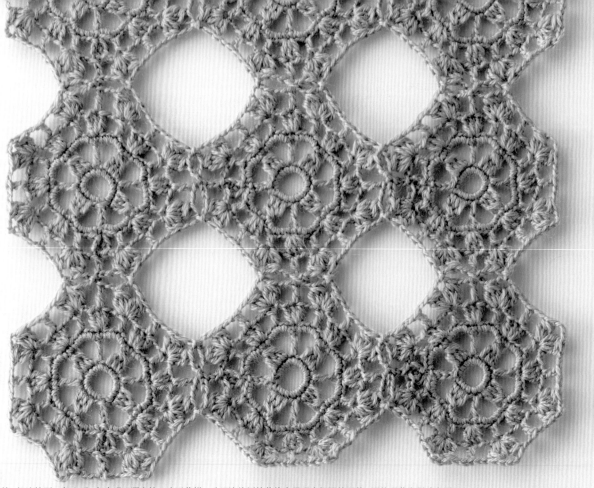

No.85

单个花片是圆形的，但连接到一起之后，却出现了漂亮的八边形花样。为了让外侧的花片也呈现出相同的形状，要使用蒸汽熨斗定型。

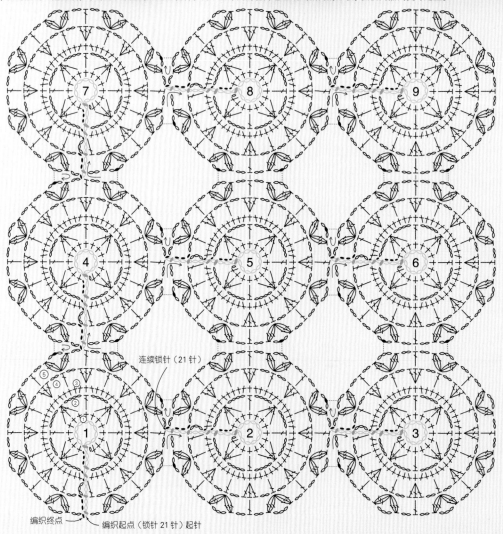

连续锁针（21针）

⑤④③②

编织终点 — 编织起点（锁针21针）起针

No.86

编织紧密的花朵花片，很容易给人留下好印象。八角形的花片之间留出了较大的空隙，可以单独编织一列，当作带子使用，也会很有趣。

No.87

大型、优美的花朵花片，在编织的同时，也将花片之间的空隙填满了。虽说难度会增加，但你一定会喜欢上编织完成时的成就感。

连续锁针b
（14针）

连续锁针a
（27针）

编织起点
（锁针26针）起针

编织终点

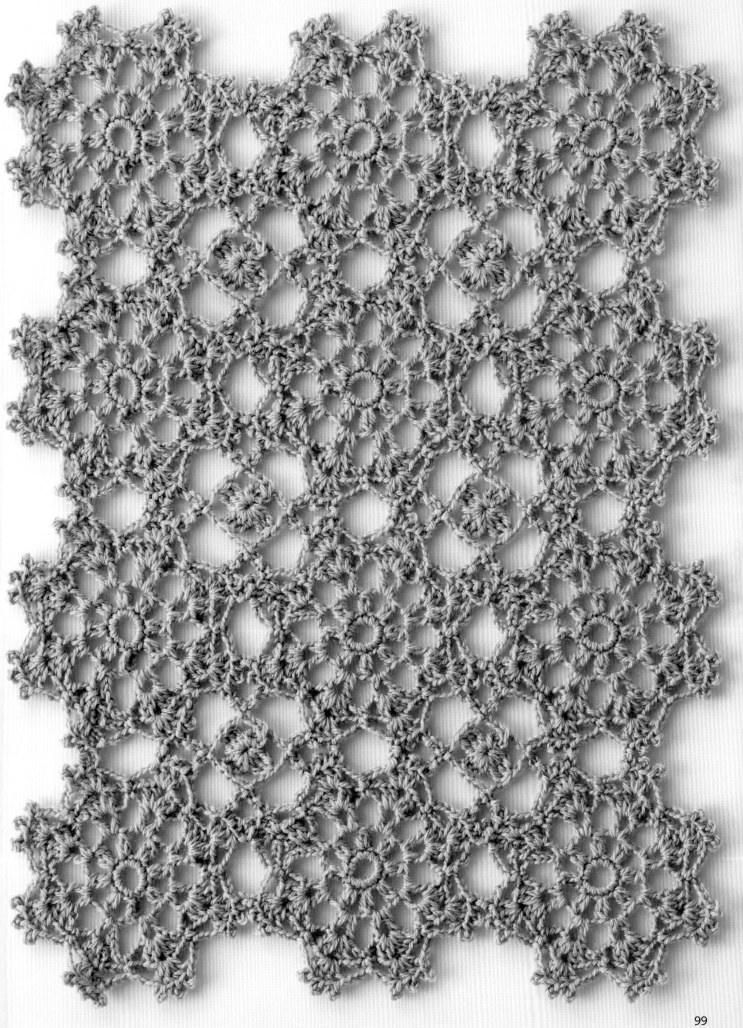

No.88

这里使用了连编花片中比较少见的三角形花片。中间没有空隙,整齐地排列在一起,会越编织越兴奋。如果在编织第1列的时候,每隔一个跳过一个,就能形成锯齿般的线条。

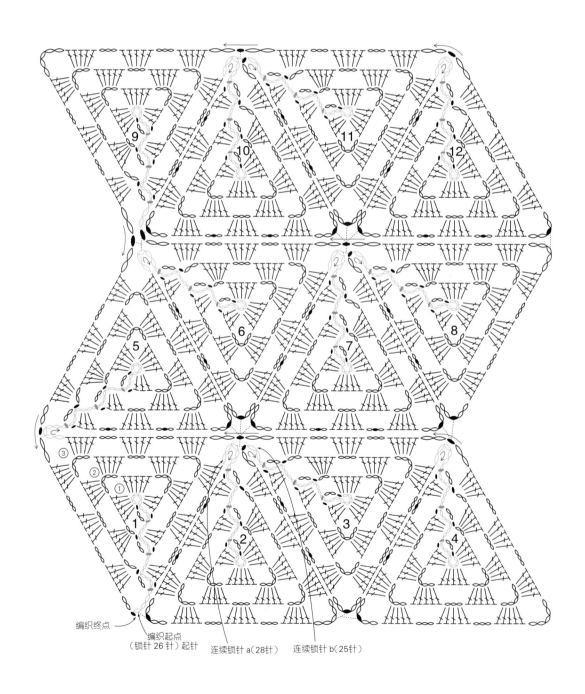

编织终点

编织起点
(锁针26针)起针　　连续锁针 a(28针)　　连续锁针 b(25针)

连编花片的要点

将为大家介绍本书中的花片所通用的较特殊的编织符号和编织方法。

[关于各种引拔针]

使用频率很高的橙色的引拔针，是用于引拔编织起点的连续锁针的非常重要的技巧。
其他的引拔针（绿色、粉色）是配合花样进行引拔的方法。

- ●=引拔针（通常的编织方法）
- ●=橙色的引拔针（将线留在下侧的引拔针）　※参见第 103 页 No.1 的花片的"基本的花片的编织方法"
- ●=绿色的引拔针（与未完成的针目一起引拔）　※参见第 104 页 No.5 的花片的"绿色的引拔针的编织方法"
- ●=粉色的引拔针（将织片连接在一起时，重叠后引拔）　※参见第 106 页 No.56 的花片的"第 2 行的编织方法"

[使用引拔针连接花片的方法]

将花片连接在一起时，可以选择"整段挑起"或是"分开针目挑起"。大体上，挑取的是锁针时，选用"整段挑起"。在连编花片时，有时第1片和第2片采用整段挑起的引拔针，第3片、第4片会采用分开针目挑起的引拔针，请予以注意。

●整段挑起
(将锁针全部挑起)

●分开针目挑起
(挑取引拔针的2根线)

[在连续锁针已引拔的针目上，再次编织的方法]

例1
第2次在同一针目上编织的时候，挑取重叠在一起的橙色的引拔针和连续锁针的各1根线。

例2
从连续锁针的"左侧"第3次挑取同一针目时，在与例1相同的位置插入钩针进行编织。

例3
从连续锁针的"右侧"第3次挑取同一针目时，要挑取第2次的引拔针的上侧2根线进行编织。

[狗牙针的引拔位置]

引拔在这一针上

锁针3针
锁针3针

全部引拔在这一针上

第 21 页的 No.18

挑取橙色的引拔针、连续锁针的各 1 根线进行引拔

102

各种花片的编织教程

在此将按照花片的种类分别介绍编织的要点。
如果你是第一次挑战，请先参照"基本的花片的编织方法"（第4页No.1的花片）进行练习。

● No.1的花片（第4页）
基本的花片的编织方法

编织终点

编织起点（锁针15针）起针　连续锁针（19针）

锁针半针和里山

1 编织15针锁针（编织起点的锁针），拿着锁针部分，将线留在锁针的下侧，在指定的位置引拔（橙色的引拔针）。

2 立织2针锁针，按照箭头的方向，使用同样的方法将钩针插入下一个引拔的位置。

3 这是插入钩针后的样子。按照符号图，继续编织第1行。

4 在第1行的编织终点，将钩针插入重叠的两针的各1根线处，钩织引拔针。

5 第2行编织起点的编织方法与第1行相同，在编织完侧边第2针长针后，编织9针锁针的狗牙拉针。

6 下一个侧边，编织2针长针后，编织19针连续锁针，第1片保持未完成的状态，开始编织第2片花片。

7 第2片与第1片使用同样的方法编织，在编织的同时，与第1片引拔连接在一起。在返回编织第1片的部分时，整段挑起连续锁针进行引拔。

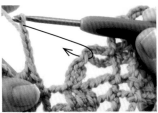

8 在编织第3片的连接的引拔针时，挑取步骤**7**中的引拔针的头部2根线进行编织。第4片也引拔在同一位置。

● No.2的花片（第5页）
花片的中心部分已使用配色线编织好时的连接方法

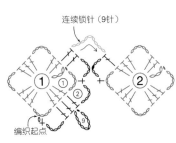

连续锁针（9针）

编织起点

1 先编织第1片，再编织9针连续锁针。随后在针上挂线，直接在第2片的指定位置编织长针。

2 编织时注意不要将连续锁针扭转方向。按照符号图在编织的同时，与第1片花片引拔连接在一起。

3 这是连接在一起的样子。

● No.5的花片（第8页）

绿色的引拔针的编织方法（第1行）

编织终点

编织起点（锁针20针）起针

1 编织编织起点的锁针，在指定的位置引拔，使中心连接成环形。立织2针锁针，在绿色的引拔针的位置用钩针挑起锁针的半针和里山。

2 从针的下侧渡线，在针上挂线后，在中心的环上编织未完成的长针。

3 在针上挂线，从针上所有的线圈中一次引拔拉出（绿色的引拔针）。

使用连续锁针和立织的锁针代替2针长针（第3行）

4 该部分代替了3针长针的枣形针。

1 编织2针锁针，从连续锁针上的引拔针（第2行的最后）开始数的第4针上，编织橙色的引拔针。

2 在相邻的锁针上编织引拔针，再编织2针长针。

3 该部分代替了4针长针。

● No.17的花片（第20页）
转角的编织方法和使用长长针连接的方法

编织终点

编织起点（锁针19针）起针　　连续锁针（22针）

转角的编织方法

1 整段挑起转角的锁针，编织引拔针。

2 编织中长针、长长针时，也是整段挑起。

使用长长针连接的方法

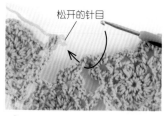

松开的针目

1 编织完第3片花片的长长针后，暂且将钩针从针目中拿开，插入第1、2片花片连接的引拔针的头部2根线处。

2 将松开的针目拉出来，使其连接在一起，编织4针锁针后，按照符号图继续编织。第4片也使用同样的方法连接。

●No.21的花片（第24页）
第2行的长针的织入位置

1 第1针，在连续锁针的半针和里山处入针，编织未完成的长针。

2 第2针，分开锁针的针目插入钩针，使用同样的方法编织。

3 第3针，挑取长针的头部2根线，使用同样的方法编织。

4 在针上挂线，从针上的4个线圈中一次引拔拉出。

●No.35的花片（第40页）
花片的编织顺序

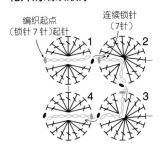

1 编织7针锁针，在第4针上编织7针长针。

2 在第1针锁针上编织橙色的引拔针，另一侧也编织7针长针。

3 在第7针锁针上编织引拔针，接着编织下一片花片的7针连续锁针。

4 在连续锁针的第4针上编织11针长针。

5 与步骤2、3相同，在连续锁针上编织引拔针，参照符号图上的各个位置的长针的针数继续编织。

6 编织至第4片的需要连接第1片花片的长针之前，暂将钩针从针目上拿开。将钩针插入第1片需要连接的位置，将刚刚松开的针目拉出。

7 编织第4片剩余的4针长针，在连续锁针的第7针上引拔。

●No.42、No.44的花片（第48、50页）
返回未完成的花片时的连接方法

●No.43、No.45的花片（第49、51页）
返回未完成的花片时的连接方法

1 引拔第3行的立织锁针的第3针。

2 随后按照狗牙拉针的方法，将钩针插入长针的头部及尾部的各1根线处，编织引拔针。

在花片的交界处整段挑起后编织引拔针，随后继续编织。

● No.48、No.49的花片（第54、55页）
第4行的长长针的织入位置

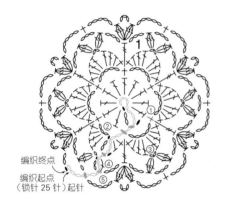

编织终点
编织起点
（锁针25针）起针

1 在针上挂2次线后，将钩针从反面插入第3行的短针之间。

2 在第2行的短针上编织长长针。

● No.56的花片（第62、63页）
第2行的编织方法

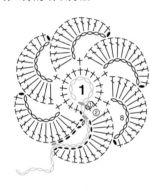

1 第2行编织橙色的引拔针后，将钩针从左侧插入锁针的半针和里山处，编织9针引拔针。

2 拉紧编织起点一侧和中心一侧，整段挑起引拔的部分，按照符号图编织。

3 在第1行的指定位置编织短针，随后编织8针锁针。

4 从中心开始数，在步骤**2**编织的第5针长针上，插入钩针后引拔。

5 将钩针插入由锁针形成的环中，整段挑起后，按照符号图编织。

6 重复4次步骤**3~5**，在第2行最初编织橙色的引拔针的位置引拔，再编织1针锁针。

7 翻转织片至反面，在长针的头部编织4针引拔针。

8 随后编织粉色的引拔针。在锁针的指定位置插入钩针。

9 直接插入长针的第5针中。

10 在针上挂线，从针上的3个线圈中一次引拔拉出（粉色的引拔针）。

11 将织片翻回正面，继续编织。

●No.57的花片（第64、65页）
第2行结尾的编织方法

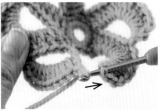

1 编织8针长针后，将钩针从针目中暂且取出，插入立织的锁针中，将刚刚松开的针目拉出。

2 在花样的中间插入钩针，在针上挂线。

3 整段挑起锁针部分，将线拉出。

4 编织长针。

5 使用同样的方法编织剩余的3针。

6 引拔第2行最初的短针，剪线。

●No.58、No.59的花片（第66、67页）
枣形针之间的连接方法

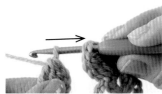

编织完成3针长长针的枣形针后，将钩针从针目中取出，将钩针插入需要连接的枣形针的头部，将刚刚松开的针目拉出。

●No.59的花片（第67页）
第3片的枣形针的连接方法

在与引拔针连接时，编织完成枣形针后，将钩针从针目中取出，再将该针目从需要连接的位置拉出。在下侧图片的情况中，也使用同样的方法，将第3、4片的枣形针都引拔在第2片的枣形针上。

●No.68的花片（第76页）
第3行编织起点的短针的织入位置

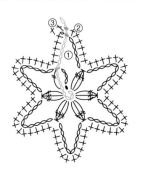

1 在第2行的最后编织橙色的引拔针。

2 在第1行的橙色的引拔针上编织短针，按照再次编织引拔针的方法（第102页）中的例2的方法进行编织。

3 这是第3行第2针短针编织完成后的样子。

钩针编织基础

手指环形起针

1.在食指上绕2圈线，制作出环形。

2.将钩针插入环形中间，挂线后拉出。

3.再次挂线后拉出。

4.环形上的起针完成，这针并不能算作1针。

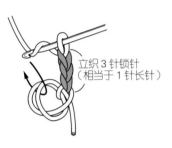

5.立织3针锁针。

立织 3 针锁针（相当于 1 针长针）

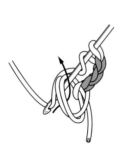

6.在针上挂线后，将线从环中拉出，编织1针长针。

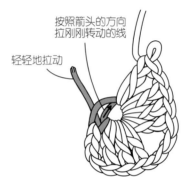

按照箭头的方向拉刚刚转动的线

轻轻地拉动

7.第1行编织完成后，先轻轻地拉动线头，再拉刚刚转动了的线，最后将线头拉紧。

〇〇〇〇〇〇〇〇 **锁针**

1.按照箭头的方向在针上挂线。

2.将线从钩针上的针目中拉出，第1针锁针编织完成。

3.使用同样的方法挂线后拉出。

← 第1针

● **引拔针**

1.按照箭头的方向将钩针插入前一行的指定位置。

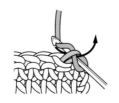

2.在针上挂线后引拔。

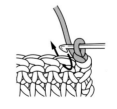

3.1针引拔针编织完成。

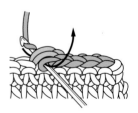

4.重复步骤2、3进行编织。

十 短针

 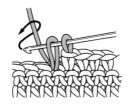 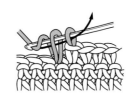 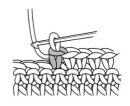

1.按照箭头的方向将钩针插入前一行的指定位置，将线拉出。

2.再一次在针上挂线。

3.按照箭头的方向引拨。

4.短针编织完成。

丁 中长针

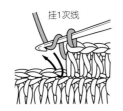   

挂1次线

一次引拨出

1.在针上挂线，按照箭头的方向将钩针插入前一行的指定位置。

2.将线拉出，在针上挂线。

3.从针上的3个线圈中一次引拨出。

4.中长针编织完成。

丁 长针

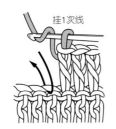  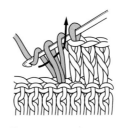 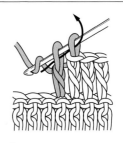

挂1次线

1.在针上挂线，按照箭头的方向将钩针插入前一行的指定位置。

2.将线拉出。

3.从针上前2个线圈中引拨出。

4.从剩下的2个线圈中引拨出，长针编织完成。

丁 长长针

挂2次线

1.在针上挂2次线，按照箭头的方向将钩针插入前一行的指定位置，将线拉出。

2.从针上前2个线圈中引拨出。

3.再一次从2个线圈中引拨出。

4.第3次从2个线圈中引拨出，长长针编织完成。

丁 三卷长针

 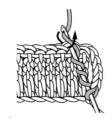 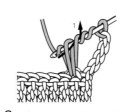 

挂3次线

1.在针上挂3次线，按照箭头的方向将钩针插入前一行针目的头部2根线处。

2.挂线后，将线拉出。

3.在针上挂线，从针上前2个线圈中引拨出。

4.重复3次步骤3，三卷长针编织完成。

3针锁针的狗牙拉针

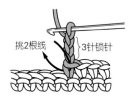

挑2根线　3针锁针

1.编织3针锁针，将钩针插入短针的头部和尾部各1根线处。

引拔

2.挂线后引拔。

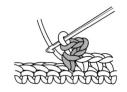

3.3针锁针的狗牙拉针编织完成。

 变化的3针中长针的枣形针

编织3针未完成的中长针

 = 将针插入前一行的空隙处，整段挑起编织

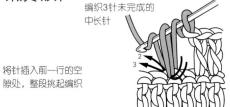

1.在1针上编织3针未完成的中长针。

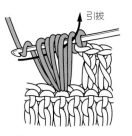

引拔

2.从针上的6个线圈中一次引拔出。

3.挂线后从针上的2个线圈中引拔出。

4.变化的3针中长针的枣形针编织完成。

 3针长针的枣形针

1.编织1针未完成的长针。

2.在同一针目上，再编织2针未完成的长针。

3针未完成的长针

3.在针上挂线，从针上的4个线圈中一次引拔出，完成。

4.这是编织了2个枣形针后的样子。编织完成枣形针之后的锁针后，针目会变得稳定下来。

 3针长针的枣形针（整段挑起的情况）

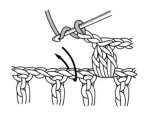

1.按照箭头的方向插入钩针，整段挑起前一行的锁针。

未完成的长针

2.编织3针未完成的长针。

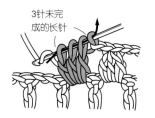

3针未完成的长针

3.在针上挂线，从针上的4个线圈中一次引拔出，完成。

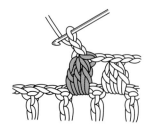

4.这是编织了2个枣形针后的样子。编织完成枣形针之后的锁针后，针目会变得稳定下来。

 3针长针并1针

1.这是编织了1针未完成的长针后的样子。在针上挂线，将钩针插入锁针里山的位置，将线拉出。

2.再次在针上挂线，编织未完成的长针。

未完成的长针3针

3.再编织1针未完成的长针后，在针上挂线，从针上的4个线圈中一次引拔出。

4.3针长针并1针编织完成。

2针长针的枣形针的2针并1针

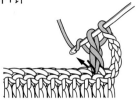

1.在前一行针目的头部2根线处插入钩针编织2针未完成的长针。

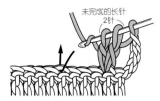

2.在针上挂线,将钩针插入第4针中。

3.在针上挂线,拉出。

4.在针上挂线,从针上前2个线圈中引拔出(未完成的长针)。

5.在同一针目中再编织1针未完成的长针。

6.在针上挂线,从针上的5个线圈中一次引拔出。

7.2针长针的枣形针的2针并1针编织完成。编织完成之后的锁针后,针目会变得稳定下来。

花片转角的连接方法

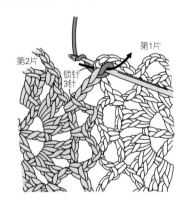

1.编织第2片花片连接位置之前的3针锁针,然后将钩针插入第1片的锁针空隙中,整段挑起编织引拔针。

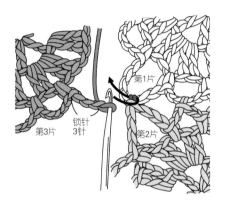

2.编织第3片花片连接位置之前的3针锁针,然后将钩针插入第2片的引拔针的头部2根线中。

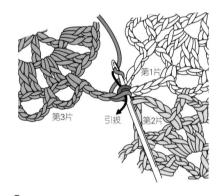

3.在针上挂线,引拔。第4片也在同一位置编织引拔针。

使用1针长针将花片连接在一起的方法

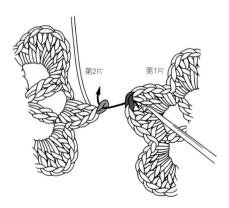

1.第2片花片编织至连接位置之前,暂将钩针从针目中取出。先将钩针插入第1片连接位置的长针的头部2根线中,再插入刚刚松开的针目中。

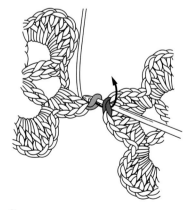

2.将第2片的针目从第1片的针目中拉出。

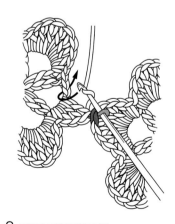

3.按照符号图继续编织。

ITO WO KIRANAI RENZOKU MOTIF（NV70332）

Copyright © NIHON VOGUE-SHA 2016 All rights reserved.

Photographers：NORIAKI MORIYA.

Original Japanese edition published in Japan by NIHON VOGUE CO.,LTD.,

Simplified Chinese translation rights arranged with BEIJING BAOKU

INTERNATIONAL CULTURAL DEVELOPMENT Co.,Ltd.

备案号：豫著许可备字-2016-A-0243

图书在版编目（CIP）数据

1根线钩到底！：美丽绽放的连编花片升级版 / 日本宝库社编著；冯莹译. —郑州：河南科学技术出版社，2017.1（2021.7重印）

ISBN 978-7-5349-8442-6

Ⅰ.①1… Ⅱ.①日… ②冯… Ⅲ.①钩针—编织—图集 Ⅳ.①TS935.521-64

中国版本图书馆CIP数据核字(2016)第253636号

出版发行：河南科学技术出版社

地址：郑州市郑东新区祥盛街27号　　邮编：450016

电话：（0371）65737028　　65788613

网址：www.hnstp.cn

策划编辑：刘　欣

责任编辑：梁　娟

责任校对：张小玲

封面设计：张　伟

责任印制：张艳芳

印　　刷：河南瑞之光印刷股份有限公司

经　　销：全国新华书店

幅面尺寸：210 mm×285 mm　　印张：7　　字数：120千字

版　　次：2017年1月第1版　　2021年7月第5次印刷

定　　价：39.00元